高等职业教育计算机系列教材

信息技术基础

（WPS Office 2019）

主 编　潘　彪　杨海斌

副主编　洪　钟　黄颖杰
　　　　唐　姗　杜丽娜

参 编　付斗平　陈扬芳

主 审　伍守意

电子工業出版社

Publishing House of Electronics Industry

北京 · BEIJING

内 容 简 介

本书充分贯彻《高等职业教育专科信息技术课程标准（2021年版）》要求，编写时结合最新的计算机科学技术的发展成果，充分考虑大学生的知识结构和学习特点，注重信息技术基础知识的介绍和学生动手能力的培养。

本书为高职高专院校信息技术课程基础模块教材，主要介绍了文档处理、电子表格处理、演示文稿制作、信息检索和新一代信息技术等内容。本书将理论知识和操作技能融为一体，注重实际操作，用项目分析引导，并以此提出问题和任务，然后用理论知识和操作技巧进行详细讲解。在本书的编写过程中，内容编排采取由浅入深、循序渐进的方式，尽量突出适用性、实用性和新颖性。

本书可作为高等职业院校或成人大专院校专科层次的信息技术基础课程的教材，也可作为全国计算机等级考试和自学考试用书。

图书在版编目（CIP）数据

信息技术基础：WPS Office 2019 / 潘彪，杨海斌主编. —北京：电子工业出版社，2022.10（2024.09 重印）

ISBN 978-7-121-44326-8

Ⅰ. ①信… Ⅱ. ①潘… ②杨… Ⅲ. ①办公自动化－应用软件－高等职业教育－教材 Ⅳ. ①TP317.1

中国版本图书馆 CIP 数据核字（2022）第 171037 号

责任编辑：徐建军　　文字编辑：徐云鹏
印　　刷：河北鑫兆源印刷有限公司
装　　订：河北鑫兆源印刷有限公司
出版发行：电子工业出版社
　　　　　北京市海淀区万寿路 173 信箱　邮编 100036
开　　本：787×1 092　1/16　印张：15　字数：384 千字
版　　次：2022 年 10 月第 1 版
印　　次：2024 年 9 月第 4 次印刷
印　　数：1 600 册　定价：59.00 元

凡所购买电子工业出版社图书有缺损问题，请向购买书店调换。若书店售缺，请与本社发行部联系，联系及邮购电话：（010）88254888，88258888。

质量投诉请发邮件至 zlts@phei.com.cn，盗版侵权举报请发邮件至 dbqq@phei.com.cn。

本书咨询联系方式：（010）88254570，xujj@phei.com.cn。

前 言
Preface

当前，信息技术日新月异，物联网、云计算、大数据、移动计算、人工智能等新概念、新技术的出现，在社会经济、人文科学、自然科学等领域引发了一系列革命性的突破。信息技术已融入社会生活的方方面面，深刻改变着人类的思维、生产、生活和学习方式。因此，能够使用计算机进行信息处理已成为大学生必备的基本能力。

WPS Office 是由金山软件股份有限公司自主研发的一款办公软件套装，可以实现办公软件常用的文字、表格、演示等功能。

WPS Office 具有内存占用低、运行速度快、体积小巧、插件平台支持强大、免费提供海量在线存储空间，以及提供丰富的文档模板、支持阅读和输出 PDF 文件、全面兼容微软 Office 97—2019 格式（doc/docx/xls/ xlsx/ppt/pptx 等）独特优势，可应用于 Windows、Linux、Android、iOS 等平台。

WPS Office 个人版对个人用户永久免费包含 WPS 文字、WPS 表格、WPS 演示三大功能模块，用户可以直接保存和打开 Microsoft Word、Excel 和 PowerPoint 文件，也可以用 Microsoft Office 轻松编辑 WPS 系列文档。基于以上原因，我们在编写本书时，软件版本选择了国产的 WPS Office 个人版。

本书由湖南水利水电职业技术学院的潘彪和湖南理工职业技术学院的杨海斌担任主编，由湖南水利水电职业技术学院的伍守意主审。本书共分为 5 个项目，其中，项目 1 文档处理由湖南水利水电职业技术学院的洪钟编写，项目 2 电子表格处理由湖南水利水电职业技术学院的潘彪编写，项目 3 演示文稿制作由湖南水利水电职业技术学院的唐姗编写，项目 4 信息检索由湖南水利水电职业技术学院的杜丽娜编写，项目 5 新一代信息技术由湖南水利水电职业技术学院的黄颖杰编写，参加本书编写的还有湖南水利水电职业技术学院的付斗平、湖南理工职业技术学院的陈扬芳等，全书由湖南理工职业技术学院的杨海斌统稿。

为了方便教师教学，本书配有电子教学课件，请有此需要的教师登录华信教育资源网（www.hxedu.com.cn）注册后免费下载。如有问题，可在网站留言板留言或与电子工业出版社联系（E-mail：hxedu@phei.com.cn）。

由于编者水平有限，加上编写时间仓促，书中难免有错误和不妥之处，恳请各位读者和专家给予批评和指正。

编 者

目 录
Contents

项目 1　文档处理 ··· (1)

任务 1　自荐书的制作 ·· (2)

1.1.1　WPS Office 的工作界面和基本操作 ············· (4)

1.1.2　WPS Office 中图文混排的制作 ··················· (6)

1.1.3　制作表格 ·· (10)

1.1.4　设置文档的基本格式 ······························· (19)

1.1.5　打印输出 ·· (27)

任务 2　艺术小报排版 ··· (29)

1.2.1　版面布局设置 ·· (31)

1.2.2　正文格式设置 ·· (32)

1.2.3　图形对象的组合操作 ································· (32)

1.2.4　数据表格的插入与设置 ······························ (39)

任务 3　毕业论文排版 ··· (40)

1.3.1　设置页面 ·· (41)

1.3.2　设置标题样式和多级列表 ··························· (41)

1.3.3　添加脚注 ·· (44)

1.3.4　添加页眉和页脚 ······································· (45)

1.3.5　论文分节和自动生成目录 ··························· (48)

1.3.6　添加论文摘要和封面 ································· (50)

1.3.7　使用批注和修订 ······································· (51)

1.3.8　邮件合并 ·· (52)

1.3.9　批量生成照片的邮件合并 ··························· (55)

项目拓展练习 ··· (59)

项目 2　电子表格处理 ·· (67)

任务 1　"××省水电工程投标评审标准表"的制作 ·········· (68)

2.1.1　WPS 工作簿的基本操作 ··························· (69)

2.1.2　WPS 工作表的基本操作 ··························· (73)

2.1.3　单元格的基本操作 ···································· (77)

2.1.4　输入文本 ·· （86）

2.1.5　常见的单元格数据类型 ··· （88）

2.1.6　快速填充表格数据 ··· （91）

2.1.7　查找和替换 ··· （93）

2.1.8　设置对齐方式 ·· （94）

2.1.9　打印设置 ·· （96）

任务 2　"学生成绩表"表格的计算 ··· （101）

2.2.1　单元格引用 ··· （102）

2.2.2　公式的应用 ··· （105）

2.2.3　函数的输入与修改 ··· （108）

2.2.4　函数的使用 ··· （110）

任务 3　"长沙市宏达建材公司总销售订单表"数据统计 ····················· （117）

2.3.1　排序 ··· （118）

2.3.2　筛选 ··· （119）

2.3.3　分类汇总 ·· （120）

2.3.4　数据透视表 ··· （121）

2.3.5　图表 ··· （123）

项目拓展练习 ·· （131）

项目 3　演示文稿制作 ·· （140）

任务 1　"会议议程"演示文稿的制作 ··· （141）

3.1.1　创建演示文稿 ·· （142）

3.1.2　编辑文本资料 ·· （144）

3.1.3　幻灯片插入表格 ·· （146）

3.1.4　制作幻灯片图表 ·· （147）

任务 2　"个人简历"演示文稿的制作 ··· （151）

3.2.1　创建首页空白版式幻灯片 ··· （152）

3.2.2　图形的绘制、编辑及美化 ··· （152）

3.2.3　使用"配套版式"制作目录 ··· （156）

3.2.4　设置文字的艺术效果 ··· （158）

3.2.5　设置文本底纹 ·· （159）

任务 3　"计算机硬件构成"演示文稿的制作 ······································ （161）

3.3.1　创建并保存演示文稿 ··· （162）

3.3.2　编辑幻灯片母版 ·· （162）

3.3.3　制作思维导图 ·· （167）

3.3.4　制作硬件组件幻灯片 ··· （169）

3.3.5　设置超链接与动作按钮 ··· （172）

3.3.6　设置幻灯片的切换方式 ··· （174）

3.3.7　放映演示文稿 ·· （175）

项目拓展练习 ·· （177）

项目 4　信息检索 ·· （180）

任务 1　信息检索概述 ·· （181）

　　4.1.1　信息检索概述 ··· （181）

　　4.1.2　信息检索的原理 ··· （181）

　任务 2　布尔逻辑检索技术 ··· （182）

　任务 3　百度等搜索引擎的使用技巧 ····························· （184）

　　4.3.1　搜索引擎 ·· （184）

　　4.3.2　百度搜索引擎 ·· （184）

　任务 4　布尔逻辑在 CNKI 数据库中的应用 ················· （190）

　项目拓展练习 ··· （196）

项目 5　新一代信息技术 ··· （197）

　任务 1　认识新一代信息技术 ·· （198）

　　5.1.1　新一代信息技术的概念 ···································· （198）

　　5.1.2　5G 技术 ··· （199）

　　5.1.3　云计算技术 ··· （203）

　　5.1.4　大数据技术 ··· （207）

　　5.1.5　物联网技术 ··· （211）

　　5.1.6　移动互联网技术 ··· （214）

　　5.1.7　人工智能技术 ·· （215）

　　5.1.8　量子技术 ·· （223）

　　5.1.9　区块链技术 ··· （224）

　任务 2　新一代信息技术在生活中的应用 ····················· （228）

　　5.2.1　防疫数据统计 ·· （228）

　　5.2.2　智慧城市 ·· （229）

　　5.2.3　智慧医疗 ·· （230）

　项目拓展练习 ··· （231）

项目 *1*

文档处理

本项目介绍常规的文字排版处理技术。文字排版处理在办公和日常生活中都有极其广泛的应用。能够完成文字排版处理的软件有很多，本项目将以 WPS Office 2019（以下简称 WPS Office）中的组件 WPS 文字为例进行介绍。

知识目标

- 熟悉 WPS Office 的工作界面。
- 掌握文档的加密和解密操作步骤。
- 掌握查找和替换功能。
- 掌握 WPS Office 的页面设置、字体与段落设置等操作步骤。
- 掌握美化文档的方法。
- 掌握在 WPS Office 中插入图片、剪贴画、艺术字和文本框的操作步骤。
- 了解样式与模板。
- 掌握文档打印、预览的操作步骤。

能力目标

能够熟练使用 WPS Office 编辑、排版日常工作和生活中各类制式文档或自编文档，能够掌握文档创建、编辑、排版、打印全流程操作。

工作场景

- 日常办公中常规文档编辑、排版。
- 个人求职所需简历的制作。
- 工程人员项目标书等常用文档制作。

任务 1　自荐书的制作

➡ 任务提出

学生临近毕业时，按实际需求要设计制作一份向用人单位推荐自己的自荐书，本任务就是用 WPS Office 完成这份自荐书的制作。

➡ 任务要求及分析

1. 任务要求

（1）新建一个空白文档，并将其命名为"自荐书"，然后保存。

（2）在文档中制作如图 1.1 所示的封面。

① 输入标题"湖南水电职院"，字体：华文彩云，字号：小初。

② 插入艺术字"2021 届毕业生求职自荐书"，艺术字样式：填充-钢蓝，着色 1，阴影。

③ 插入图片"水院.jpg"（从素材库中）。

④ 插入一根直线，设置为红色、3 磅。

⑤ 插入一个文本框，输入图 1.1 中的个人信息。

图 1.1　封面

需用到插入艺术字、图片、形状、文本框等操作。

（3）制作如图 1.2 所示的表。

姓名	孙丽涵	性别	女	民族	汉	
出生年月	2001.05	年龄	21	学历	大专	
婚姻状况	未婚	籍贯		湖南益阳		
政治面貌	共青团员	工作年限				
户口所在地			湖南益阳			
现住址			湖南长沙			
联系电话	139****2776		邮编		410131	
身份证编号						

图 1.2　个人简历表

（4）制作如图 1.3 所示的自荐信。

自荐书

尊敬的领导：

您好！衷心地感谢您在百忙之中翻阅我的这份材料，并祝愿贵单位的事业欣欣向荣、蒸蒸日上！

我是湖南水电职院水利水电工程智能管理专业 21 届毕业生孙丽涵。高考结束后的适度放松获知被录取的喜悦，从步入大学开始随风而逝。因为我得从新开始，继续努力学习，迎接新的挑战：大学三年是我思想、知识结构及心理发展成熟的三年。得惠于湖南水电职院浓厚的学习氛围，融入其中的我成为一名复合型人才。时光飞逝，我怀揣童年的梦想、青年的理想离开我的母校，即将走上工作岗位。

湖南水电职院师生中一直流传着这样一句话："今天你以水院为荣，明天水院以你为荣。"自入学以来，我一直把它铭记在心，立志要在大学三年时光里全面发展自己，从适应社会发展的角度提高个人的素质。将来真正能在本职工作上做出成绩，为母校争光。

此致

敬礼

自荐人：孙丽涵
2021 年 11 月 8 日

图 1.3　自荐信样稿

2. 任务分析

本任务分为封面、个人简历表、自荐信三个部分。具体要求如下：

（1）新建一个空白文档，并将其命名为"自荐书"，然后保存。

（2）在文档中制作如图 1.1 所示的封面。

→ 相关知识点

1.1.1　WPS Office 的工作界面和基本操作

1. WPS Office 的工作界面

在 WPS Office 的工作界面中，所有命令都会通过功能区直接呈现出来，用户可以在功能区中快速找到想要使用的命令。当启动 WPS Office 后，展现在用户眼前的就是 WPS Office 的工作界面，该界面主要由标题栏、功能区、编辑区、状态栏等组成，如图 1.4 所示。

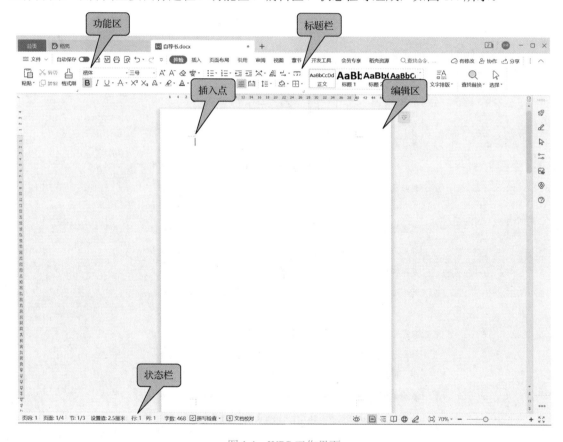

图 1.4　WPS 工作界面

2. 页面设置

我们创建一个 WPS 文档（为与其他未安装 WPS Office 的计算机兼容，建议创建的文档格式为.docx），如图 1.5 所示。

切换到"页面布局"选项卡，其中有常用的页面设置选项。

1）设置页边距

页边距是指页面中文字与页面上、下、左、右边界的距离，用以控制页面中文档内容的长度和宽度。

操作步骤如下：

（1）在"页面布局"选项卡的"页面设置"组中单击"页边距"按钮，在弹出的下拉列表中可以选择系统预设的几种页边距，如图 1.6 所示。

图 1.5　新建空白文字

图 1.6　设置页边距

（2）如果希望自定义页边距，则可以在图 1.6 中选择"自定义页边距"命令，弹出"页面设置"对话框，利用该对话框来设置页边距，如图 1.7 所示。

图 1.7　"页面设置"对话框

2）设置纸张大小和方向

按照以下操作步骤设置纸张大小和方向。

（1）单击"页面布局"选项卡中的"纸张大小"按钮，在弹出的下拉列表中可以选择系统预设的几种纸张大小，如图 1.8 所示。

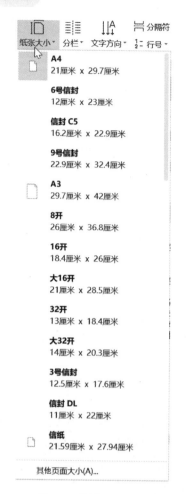

图 1.8　设置纸张大小

（2）如果希望自定义纸张大小，则可以在图 1.8 中选择"其他页面大小"命令，弹出"页面设置"对话框，利用该对话框来设置纸张大小。

3）设置纸张方向

默认的纸张方向为竖向。单击"页面布局"选项卡中的"纸张方向"按钮，在弹出的下拉列表中选择"横向"，即可得到横向页面。

1.1.2　WPS Office 中图文混排的制作

1. 插入艺术字

在文档中插入艺术字，能为文字添加艺术效果，使文字看起来更加生动，让制作的文档更加美观，更容易吸引眼球。

设置文字的艺术效果，是通过更改文字的填充、边框，或者添加阴影、倒影、发光、三维（3D）格式的效果等来更改文字的外观。

使用艺术字的操作步骤如下：

（1）在"插入"选项卡中单击"艺术字"按钮，在打开的"预设样式"中选择一种样式，如图 1.9 所示（如果是 WPS Office 的注册会员，还可以使用稻壳艺术字样式）。

图 1.9　艺术字样式

（2）根据提示在如图 1.10 所示的文本框中输入艺术字内容，选定艺术字后，在"文本工具"选项卡中设置"文本效果"→"转换"→"朝鲜鼓"样式，效果如图 1.11 所示。

图 1.10　输入艺术字

2021 届毕业生求职自荐书

图 1.11　艺术字设置效果

2. 插入图片或形状

在 WPS 文档中插入图形、文本框、形状，可以使文档更加生动活泼，更加美观。合理地进行图文组合可以制作出图文并茂的文档。

1）插入图片

在如图 1.12 所示的位置双击，定位插入点，然后在"插入"选项卡中单击"图片"下拉按钮，在弹出的下拉列表（见图 1.13）中选择"本地图片"，找到素材中的"水院.jpg"，单击"确定"按钮即可完成图片的插入。

插入图片后，用户还可以根据需要对图片的大小、位置及版式等进行编辑，使图片与文字结合得更加紧密。

图 1.12　图片插入点位置

图 1.13　"图片"下拉列表

2）插入形状

在 WPS 文档中，我们可以根据实际应用的需求，通过"插入"选项卡中的"形状"按钮插入各种形状，如各种线条、箭头和流程框图等，使文档更加生动、形象。

在本案例中，我们要插入一条直线，操作步骤如下：

（1）在"插入"选项卡中单击"形状"按钮，在弹出的下拉列表中包含能够插入文档中的各种形状。

（2）在"线条"区域选择需要的线条类型，这里我们选择"直线"，如图 1.14 所示。此时，鼠标光标变为十字形状，在文档中的适当位置单击并按住鼠标左键拖动即可绘制直线。

（3）单击绘制的直线，按住鼠标左键并拖动可以移动直线的位置，按 Delete 键可以删除直线。

（4）将鼠标光标移动到两个端点处，按住鼠标左键并拖动可以调整直线的长度。

3．插入文本框

在 WPS 文档中，文本框可以用来放置一些文本、图形或其他对象，用来设计一些特殊的版式结构，以方便调整这些对象的位置。

操作步骤如下：

（1）在"插入"选项卡中单击"文本框"下拉按钮，在弹出的下拉列表中选择一种文本框样式，如图 1.15 所示。

（2）在文本框中根据提示输入内容。

（3）与编辑图形相似，拖动文本框上对应的控制点可以对其进行缩放和旋转操作。

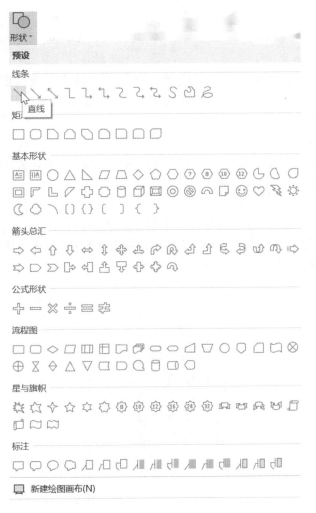

图 1.14 "形状"下拉列表

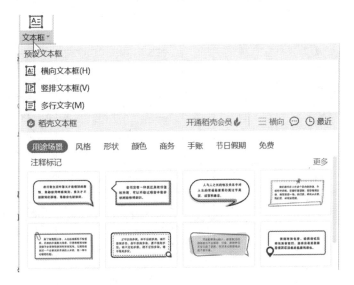

图 1.15 "文本框"下拉列表

1.1.3 制作表格

使用表格可以将数据以列表方式直观地表达出来，并方便用户对数据进行对比、查询和管理。在本任务中，我们要制作一个个人简历表，就需要掌握表格的插入、设置和调整等相关操作。

1. 快速插入表格

使用这种方法可以快速插入 8 行 10 列以内的表格。插入的表格会自动根据页面来调整宽度，并根据当前字号来调整高度。

操作步骤如下：

（1）新建一个空白文档，将文本插入点定位在首行的行首位置。

（2）在"插入"选项卡中单击"表格"按钮，在弹出的下拉列表中将鼠标光标移动到上部表格框第 7 行第 8 列处，如图 1.16 所示。

图 1.16　选择 7 行*8 列表格

（3）单击即可在文档中创建指定行数和列数的表格，其上有 4 个快捷调节按钮，如图 1.17 所示。

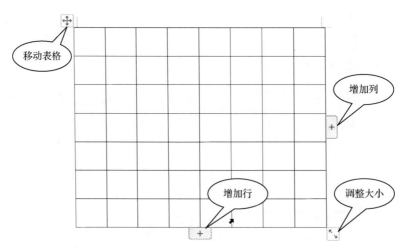

图 1.17　4 个快捷调节按钮

2. 插入任意行列数的表格

利用"插入表格"对话框可以插入任意行数与列数的表格，还可以自行设置表格的大小。操作步骤如下：

在"插入"选项卡中单击"表格"按钮，在弹出的下拉列表中选择"插入表格"命令，弹出如图 1.18 所示的"插入表格"对话框，在该对话框中设置表格所需的列数与行数，同时还可以设置表格的列宽。

图 1.18 "插入表格"对话框

3. 添加、删除行或列

创建完表格后，如果发现行数或列数不能满足编辑需求，可以插入或者删除行或列。

1）插入行或列

在表格中插入行或列有以下三种方法。

方法一：直接单击表格的"增加行"或"增加列"句柄，即可在表格最下方或表格最右侧插入一行或一列。

方法二：指定插入行或列的位置，然后单击"表格工具"选项卡的"插入单元格"组中的相应插入方式按钮即可，如图 1.19 所示，各种插入方式及其功能描述如表 1.1 所示。

🔲 在上方插入行 🔲 在左侧插入列
🔲 在下方插入行 🔲 在右侧插入列

图 1.19 插入行或列

表 1.1 插入方式及功能描述

插入方式	功能描述
在上方插入行	在选择单元格所在行的上方插入一行表格
在下方插入行	在选择单元格所在行的下方插入一行表格
在左侧插入列	在选择单元格所在列的左侧插入一列表格
在右侧插入列	在选择单元格所在列的右侧插入一列表格

提示：插入行或列的位置可以是一个单元格，也可以是一行或一列。

方法三：指定插入行或列的位置，右击，在弹出的快捷菜单中选择"插入"命令中的插入方式即可。如选择第 2 行后，右击，在弹出的快捷菜单中选择"插入"→"在下方插入行"命令，如图 1.20 所示。

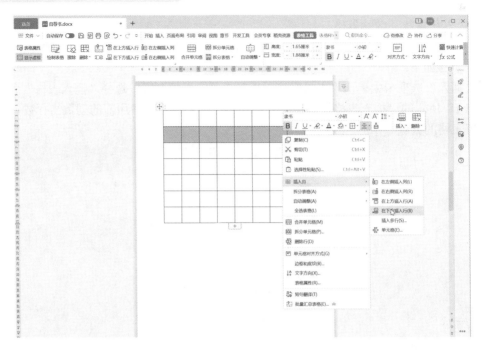

图 1.20　插入行

在插入行或列之前，要先指定插入位置，当用户选择一行或一列时，就会在表格中间插入一行或一列；当用户选择多行或多列时，就会在表格中间插入和选择数量一样的行或列。也就是说，在指定插入位置时所选择的行数或列数，将决定插入的行数或列数。所以，用户在选择插入位置时，需要选择和插入数量一致的行或列。

2）删除行或列

删除行或列有以下三种方法。

方法一： 选中要删除的行或列，按 Backspace 键，即可删除选中的行或列。

提示： 在使用该方法时，应选中整行或整列，然后按 Backspace 键即可删除，否则会弹出"删除单元格"对话框，确定删除哪些单元格，如图 1.21 所示。

方法二： 选中要删除的行或列，单击"表格工具"选项卡的"插入单元格"组中的"删除"按钮，在弹出的下拉列表中选择"行"或"列"命令即可，如图 1.22 所示。

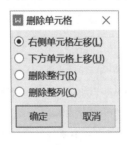

图 1.21　"删除单元格"对话框　　　　图 1.22　"删除"下拉列表

4．为表格全面布局

对于创建的表格，用户可以设置表格中单元格的大小和对齐方式等，也可以在现有的表格中插入或删除单元格，拆分或合并单元格。

1）设置表格的行高、列宽和对齐方式

在 WPS 表格中可以有不同的行高和列宽，但同一行中的单元格必须有相同的高度。

提示：在默认情况下，插入的表格会以文档的页面宽度除以列数来作为每列的宽度，根据字体的大小自动设置行的高度。当一个单元格内的文本超过一行时，表格会自动增加单元格的高度。另外，当表格不能满足需求时，还可以手动调整行高和列宽。

（1）设置表格的行高。设置行高的方法有拖动行线、拖动标尺、通过"表格属性"对话框、直接输入行高和平均分配各行的高度五种方法。

方法一：拖动行线。

将鼠标光标移至需要调整高度的表格的行线上，当光标变为÷形状时，单击并拖动鼠标，在新位置将显示一条虚线，当达到目标高度时，松开鼠标即可，如图 1.23 所示。

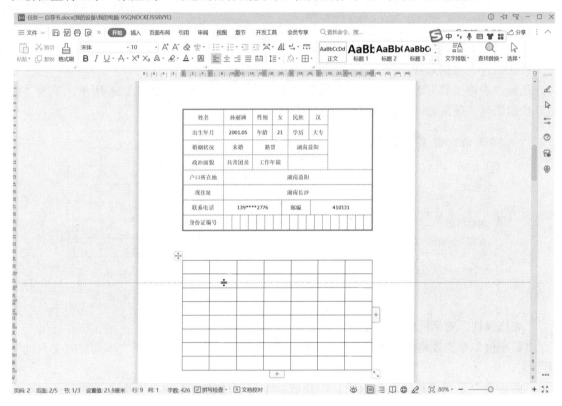

图 1.23 拖动行线调整行高

方法二：拖动标尺。

单击表格中的任意一个单元格，将鼠标光标移至竖直标尺，当光标变为形状时，直接拖动至目标位置即可，如图 1.24 所示。

方法三：通过"表格属性"对话框。

使用这种方法可以精确地将表格的行高调整到固定的值，本案例就采用此方法来设置行高，操作步骤如下：

选中要调整的行（在此案例中，我们选择整张表格），右击，在弹出的快捷菜单中选择"表格属性"命令，弹出"表格属性"对话框，选择"行"选项卡，按照如图 1.25 所示进行相应设置。

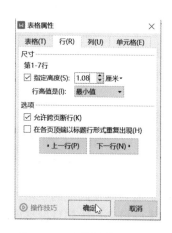

图 1.24　拖动垂直标尺调整行高　　　　图 1.25　"表格属性"对话框

提示：所选择的行可以是一行或者多行。

方法四：直接输入行高。

选择"表格工具"选项卡，在"高度"微调框中输入"1.08"，如图 1.26 所示，单击"确定"按钮即可，效果如图 1.27 所示。

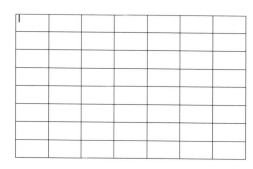

图 1.26　直接输入行高　　　　　　图 1.27　调整表格行高的效果

"表格属性"对话框中各参数的含义如下。

"最小值"是指表格的高度最小要达到的指定高度，在表格不能容下文本信息时会自动增加行高。

"固定值"是指表格的高度为固定的数值，不可更改，文本超出表格高度的部分将不再显示。

方法五：平均分配各行的高度。

选中要平均分配的各行，在选中行的区域内右击，在弹出的快捷菜单中选择"自动调整"→"平均分配各行"命令，即可将表格中的行高设置为同样的高度。

提示：使用平均分配表格中各行高度的方法时，当表格中行高最大的单元格中的文本信息未能填满行高时，会按照表格的总高度平均分配每行的行高；当表格中行高最大的单元格中的文本信息填满行高时，表格中其他行的行高也会被调整为和最大行高一样。

（2）设置表格的列宽。设置列宽的方法有五种，其中前四种和设置表格的行高的方法类似，这里不再赘述。另外一种方法是利用 WPS 提供的自动调整列宽的功能，操作步骤如下：

选中表格中的任意一个单元格，单击"表格工具"选项卡中的"自动调整"按钮，在弹出的下拉列表中选择相关命令，如图 1.28 所示。

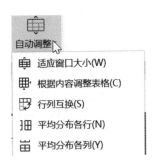

图 1.28　"自动调整"下拉列表

该下拉列表中两个命令及其含义如表 1.2 所示。

表 1.2　命令及含义

命　　令	含　　义
根据内容调整表格	按照表格中每一列的文本内容自动调整列宽，调整后的列宽更加紧凑、整齐
适应窗口大小	按照相同的比例扩大表格中每列的列宽，调整后表格的总宽度与文本区域的总宽度相同

在本任务中，我们采用手动拖曳列线与样表对齐的方式调整列宽，调整后的效果如图 1.29 所示。

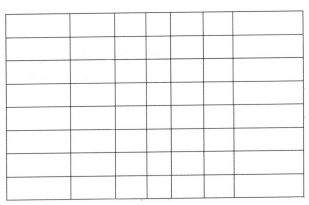

图 1.29　拖曳列线设置列宽后的效果

（3）设置文本的对齐方式。为了使表格更加美观，可以设置表格内文本的对齐方式。方法有以下两种。

方法一：选中要设置对齐方式的单元格、行或列，单击"表格工具"选项卡中的"对齐方式"下拉按钮，在弹出的下拉列表中选择相应的对齐方式即可，如图 1.30 所示。

方法二：选中要设置对齐方式的单元格、行或列，右击，在弹出的快捷菜单中选择"单元格对齐方式"命令中的选项即可，如图 1.31 所示。

2）合并与拆分单元格

在 WPS 中可以把多个相邻的单元格合并为一个单元格，也可以把一个单元格拆分成多个小的单元格。在制作表格时，经常会使用合并和拆分单元格的操作。

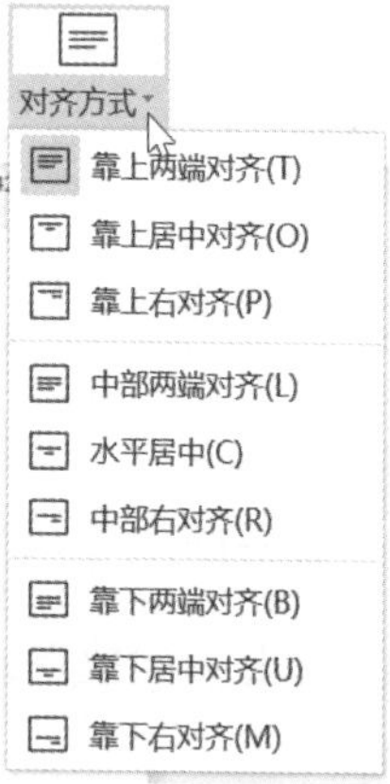

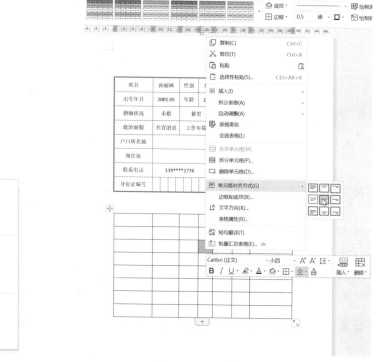

图 1.30 "对齐方式"下拉列表

图 1.31 选择对齐方式

（1）合并单元格。可以通过以下三种方法将多个单元格合并为一个单元格。

方法一：选中要合并的单元格，单击"表格工具"选项卡中的"合并单元格"按钮，即可合并选中的单元格，如图 1.32 和图 1.33 所示。

图 1.32 单击"合并单元格"按钮

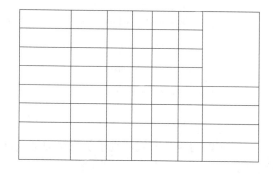

图 1.33 合并后的效果

方法二：选中要合并的单元格，右击，在弹出的快捷菜单中选择"合并单元格"命令，如图 1.34 所示。

方法三：使用"表格样式"中的"擦除"工具，直接擦除相邻表格之间的边线，如图 1.35 所示。

按照图 1.2 中的表结构完成合并单元格操作后的效果如图 1.36 所示。

（2）拆分单元格。有时要将一个单元格拆分成多个单元格，常用的方法有以下三种。

方法一：使用工具栏中的按钮拆分单元格。

① 选中要拆分的单元格，单击"表格工具"选项卡中的"拆分单元格"按钮。

② 在弹出的"拆分单元格"对话框中输入行数和列数，然后单击"确定"按钮，如图 1.37 所示。

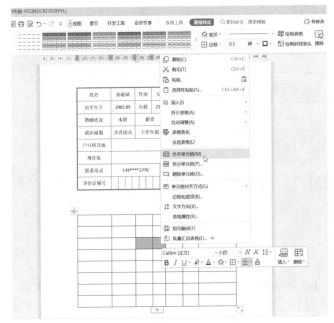

图 1.34　选择"合并单元格"命令

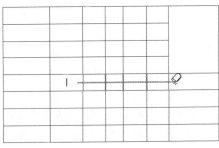

图 1.35　"擦除"工具

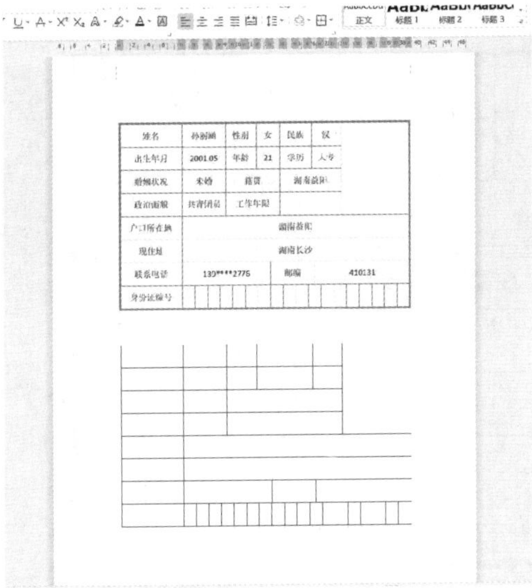

图 1.36　完成合并后的效果

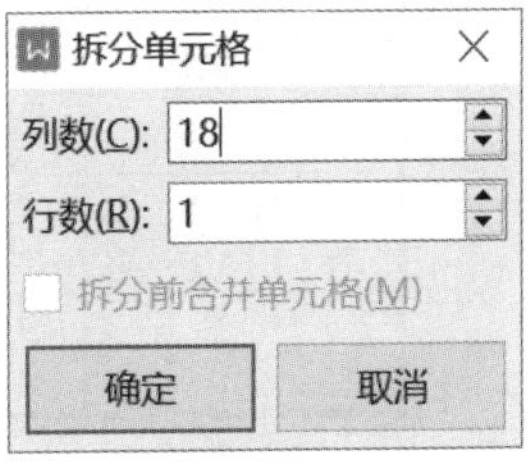

图 1.37　"拆分单元格"对话框

方法二：选中要拆分的单元格，右击，在弹出的快捷菜单中选择"拆分单元格"命令，弹出"拆分单元格"对话框，输入要拆分的列数和行数，然后单击"确定"按钮即可。

方法三：使用"表格样式"中的"绘制表格"工具在单元格内绘制直线。如果绘制水平直线，则拆分为两行；如果绘制垂直直线，则拆分为两列。

按照图 1.2 中的样表结构进行拆分单元格操作（并对齐列线）后的效果如图 1.38 所示。

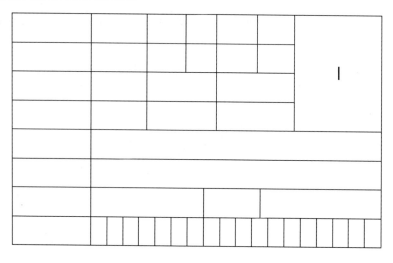

图 1.38　拆分单元格后的效果

5．设置边框和底纹

1）设置表格的边框

在默认情况下，创建表格的边框都是 0.5 磅的黑色单实线。用户可以自行设置表格的表框。

选中要设置边框的表格，在"表格样式"选项卡中，设置表格边框的"线条样式"为"单实线"，"线条颜色"为"巧克力黄，着色 6，深色 25%"，"线条宽度"为"3"，边框样式为外侧框线，然后选择"线条颜色"为"蓝色"，"线条宽度"为"0.75"，边框样式为内部框线，效果如图 1.39 所示。

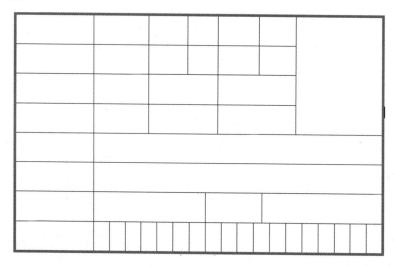

图 1.39　表格边框设置效果

表格边框的绘制还可以通过在选中的表格内右击，在弹出的快捷菜单中选择"边框和底纹"命令，弹出"边框和底纹"对话框，选择"边框"选项卡，按照如图 1.40 所示进行相应设置来完成。

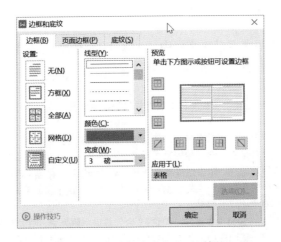

图 1.40　"边框和底纹"对话框

2）设置表格的底纹

通过"表格样式"中的"底纹"下拉按钮或通过"边框和底纹"对话框的"底纹"选项卡，可以设置表格的底纹。如本任务中设置表格底纹颜色为"巧克力黄，着色 6，浅色 80%"，如图 1.41 和图 1.42 所示。

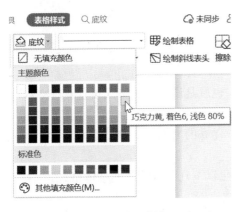

图 1.41　设置底纹颜色

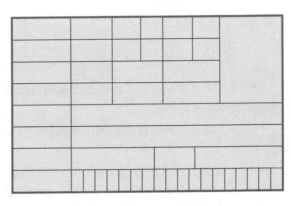

图 1.42　表格底纹效果

1.1.4　设置文档的基本格式

1. 输入文字和设置字体格式

1）输入文字

用户在文档中输入文本时，主要是输入汉字和英文字母。WPS Office 的输入功能强大且易用，只要会用键盘打字，就可以方便地在文档中输入文字内容。

在输入文字的过程中，如果输入错误可以按 Backspace 键删除，然后再输入正确的文字。当输入的文字到达一行的最右端时，输入的文本会自动转到下一行。如果在未输入完一行时要换行输入，则按 Enter 键进行换行，这时会产生一个段落标记"↵"。如果按"Shift+Enter"组合键，则会产生一个段落标记"↓"，虽然这样也能达到换行输入的目的，但并不会结束这个段落，只是换行输入而已，实际上前一个段落与后一个段落仍然为一个整体，在 WPS 中默认它们为一个段落。

下面我们将本任务中的文字录入文档中，如图 1.43 所示。

自荐书
尊敬的领导：
您好!衷心地感谢您在百忙之中翻阅我的这份材料，并祝愿贵单位的事业欣欣向荣、蒸蒸日上!
我是湖南水电职院水利水电工程智能管理专业 21 届毕业生孙丽涵。高考结束后的适度放松，获知被录取的喜悦，从步入大学开始随风而逝。因为我得从新开始，继续努力学习，迎接新的挑战：大学三年是我思想、知识结构及心理发展成熟的三年。得惠于湖南水电职院浓厚的学习氛围，融入其中的我成为一名复合型人才。时光飞逝，我怀揣童年的梦想、青年的理想离开我的母校，即将走上工作岗位。
湖南水电职院师生中一直流传着这样一句话："今天你以水院为荣，明天水院以你为荣。"自入学以来，我一直把它铭记在心，立志要在大学三年时光里全面发展自己，从适应社会发展的角度提高个人的素质。将来真正能在本职工作上做出成绩，为母校争光。

此致
敬礼

自荐人：孙丽涵
2021 年 11 月 8 日|

图 1.43　文字录入效果

2）设置字体格式

文字录入完成后，可以进行相应的编辑排版操作，也就是进行各种格式设置。对文本，主要是设置字体和段落格式。

字体格式设置的效果直接影响文本内容的可读性，优秀的文本样式可以给人简洁、易读的感觉。

WPS 中提供了更改字体的便捷方法，用户可以按照以下几种方法改变字体格式。

方法一：通过浮动字体工具栏更改文本格式。

选中要更改格式的文本后，WPS 会自动弹出浮动字体工具栏，如图 1.44 所示。

图 1.44　浮动字体工具栏

（1）更改字体。选中全文，在"字体"下拉列表中选择"楷体"，即可将字体更改为楷体，如图 1.45 所示。

（2）更改字号。选中第一行，在"字号"下拉列表中选择"小初"，即可将标题文本的字号更改为小初，将剩余文本的字号更改为四号，如图 1.46 所示。

还可以使用该工具栏中的"增大字体"按钮 A 或者"缩小字体"按钮 A 来改变字体的大小。

（3）加粗字体和倾斜字体。选中要更改字体的文本，在该工具栏中单击"加粗"按钮 **B** 可使字体加粗，如图 1.47 所示，单击"倾斜"按钮 *I* 可使字体倾斜。

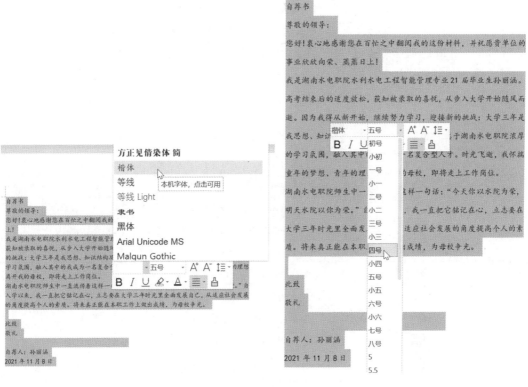

图 1.45　设置字体　　　　　　　　　　　图 1.46　设置字号

（4）设置字体颜色。选中要更改颜色的文本，然后在该工具栏中单击"字体颜色"下拉按钮，在弹出的"主题颜色"中选择想要更改的颜色，即可更改字体的颜色，如图 1.48 所示。

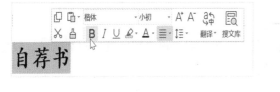

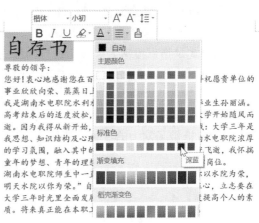

图 1.47　设置字体加粗　　　　　　　　　　图 1.48　设置字体颜色

方法二：通过选项卡更改文本格式。

除了可以通过浮动字体工具栏来更改字体格式，还可以通过"开始"选项卡的"字体"组中的相关按钮来更改，如图 1.49 所示。

"字体"组中的大部分按钮和浮动字体工具栏中的一致，除此之外，其他按钮及功能如表 1.3 所示。

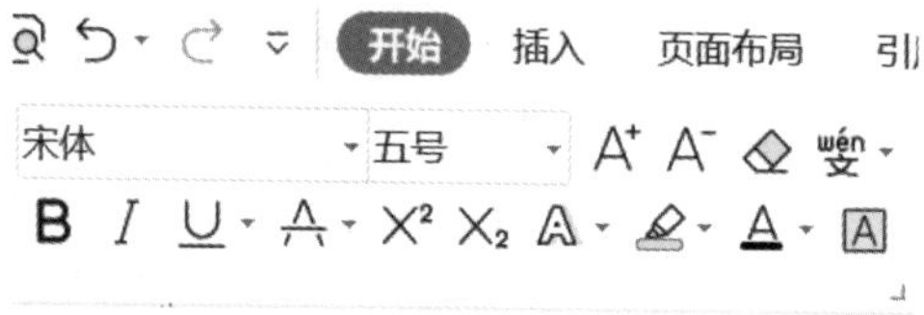

图 1.49　更改字体格式

表 1.3　其他按钮及功能

按　钮	功　能
◇	清除格式
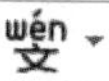 wén 安 ▾	显示文本的拼音
U ▾	为文本添加下画线
A	为文本添加删除线
X₂	为文本添加下标
X²	为文本添加上标
◢ ▾	以不同颜色突出显示文本
A	为文本添加底纹背景
Aa ▾	更改英文大小写（拼音指南选项在其子菜单里）
字	改变字体为带圈字符（拼音指南选项在其子菜单里）

　　需要强调的是，对于不需要的格式，可以在"开始"选项卡的"字体"组中单击"清除格式"按钮，将设置的格式完全清除，恢复到默认状态。选中要清除格式的文本，然后单击"清除格式"按钮◇，原来设置的格式即可被清除。

　　2. 设置段落格式

　　段落样式是指以段落为单位所进行的格式设置。下面介绍如何设置段落的对齐方式、段落的缩进以及设置行间距和段间距等内容。

　　1）设置对齐方式

　　编辑文档后对文档进行排版，可以让文档看起来更美观。对齐方式就是段落中文本的排列方式。WPS 提供了常用的 5 种对齐按钮，如表 1.4 所示。

表 1.4　段落的对齐按钮及功能

按　钮	功　能
≡	使文字左对齐
≡	使文字居中对齐
≡	使文字右对齐
≡	使文字两端同时对齐，并根据需要增加字间距
凷	使段落两端同时对齐，并根据需要增加字符间距

　　用户可以根据需要，在"开始"选项卡的"段落"组中单击相应的按钮，设置其对齐方式。在本任务中，将标题设置为居中对齐，正文设置为两端对齐，最后两行设置为右对齐，效果如

图 1.50 所示。

2）设置段落缩进

缩进是指段落到左右页边距的距离。根据中文的书写形式，一般情况下，正文中的每个段落都会首行缩进两个字符。

单击"开始"选项卡的"段落"组右下角的"段落"按钮，弹出"段落"对话框，选择"缩进和间距"选项卡，在"缩进"区域可以设置缩进量，如图 1.51 所示。

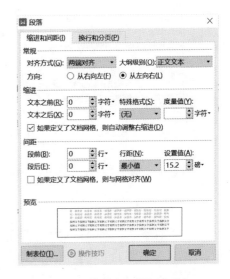

图 1.50　设置对齐方式效果　　　　　　图 1.51　"缩进和间距"选项卡

（1）左缩进。在"缩进"区域的"文本之前"微调框中输入"8"，如图 1.52 所示，单击"确定"按钮，光标所在段落的左侧即可缩进 8 个字符，如图 1.53 所示。

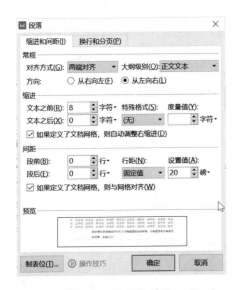

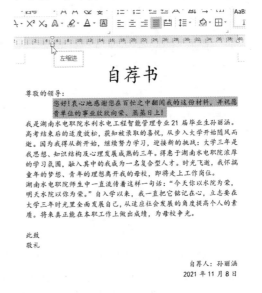

图 1.52　设置左缩进　　　　　　　　　图 1.53　设置左缩进效果

用户还可以直接单击"开始"选项卡的"段落"组中的"减少缩进量"按钮或"增加缩进量"按钮，减少或增加段落左侧的缩进量，每单击一次，可缩进 1 个字符。

（2）右缩进。在"缩进"区域的"文本之后"微调框中输入"16"，单击"确定"按钮，光标所在段落的右侧即可缩进 16 个字符，如图 1.54 和图 1.55 所示。

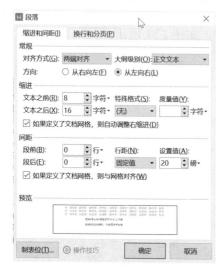

图 1.54　设置右缩进

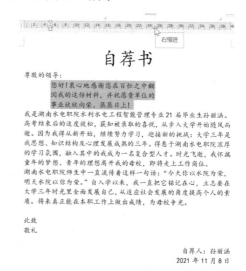

图 1.55　设置右缩进效果

（3）首行缩进。选中正文部分，在"缩进"区域的"特殊格式"下拉列表中选择"首行缩进"，然后在右侧的"度量值"微调框中输入"2"，单击"确定"按钮，该正文首行即可缩进 2 个字符，如图 1.56 和图 1.57 所示。

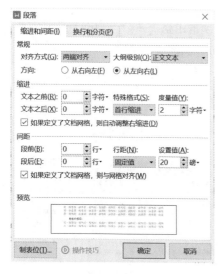

图 1.56　设置首行缩进

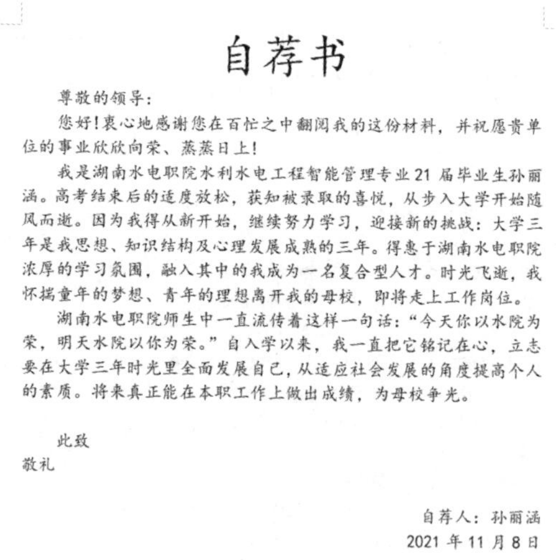

图 1.57　设置首行缩进效果

（4）悬挂缩进。选中要设置悬挂缩进的段落，在"缩进"区域的"特殊格式"下拉列表中选择"悬挂缩进"，然后在右侧的"度量值"微调框中输入"6"，单击"确定"按钮，该段落除了首行其他各行即可均缩进 6 个字符，如图 1.58 和图 1.59 所示。

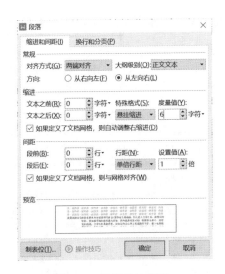

图 1.58　设置悬挂缩进

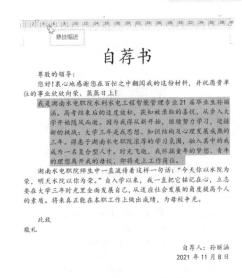

图 1.59　设置悬挂缩进效果

3）设置行间距和段间距

行间距是指行与行之间的距离，段间距是指文档中段落与段落之间的距离。适当地调整行间距和段间距可以使文档层次分明。

（1）设置行间距。选中要设置行间距的段落，单击"开始"选项卡的"段落"组中的"行和段落间距"按钮，在下拉列表中选择"1.5"，即可将选中段落的行间距更改为 1.5 倍行间距，如图 1.60 所示。

也可以在"段落"对话框中选择"缩进和间距"选项卡，在"间距"区域的"行距"下拉列表中选择相应的行距大小。如果选择"最小值""固定值"或"多倍行距"选项，则还需要在右侧的"设置值"微调框中输入具体的数值，如图 1.61 所示。

图 1.60　设置行间距

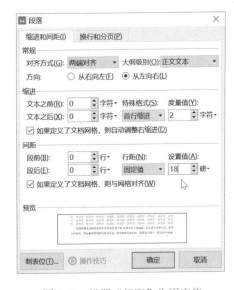

图 1.61　设置"行距"为固定值

（2）设置段间距。将鼠标光标置于要设置段间距的文本中，选择"段落"对话框中的"缩进和间距"选项卡，在"间距"区域的"段前"和"段后"微调框中输入相应的数值，如输入

"1"，即可更改段前和段后的间距。本任务中自荐信的段间距设置以及设置行间距和段间距后的效果分别如图 1.62 和图 1.63 所示。

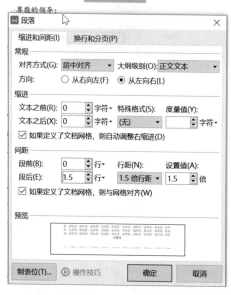

图 1.62　设置段间距

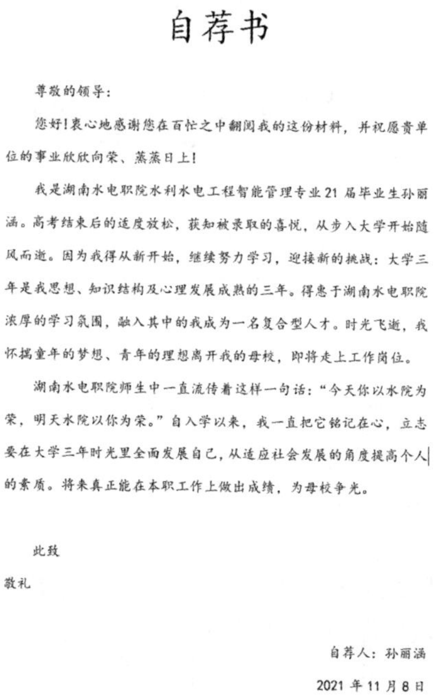

图 1.63　设置行间距、段间距后的效果

4）设置分栏

在"页面布局"选项卡中单击"分栏"按钮，在弹出的下拉列表中选择"更多分栏"命令，弹出"分栏"对话框，如图 1.64 所示，在"预设"中选择"两栏"，将栏间距设置为"3 字符"，然后单击"确定"按钮，设置后的效果如图 1.65 所示。

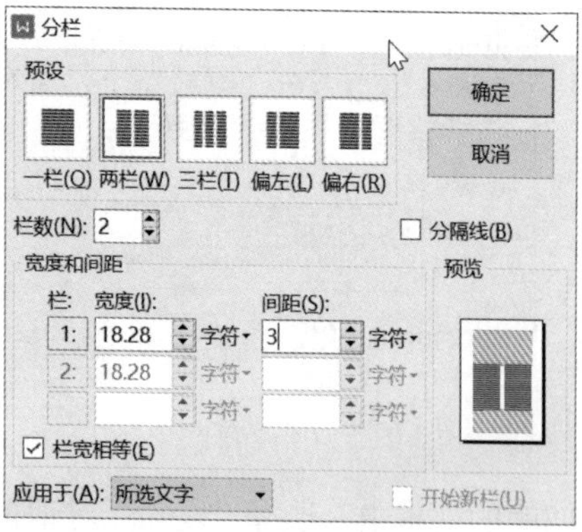

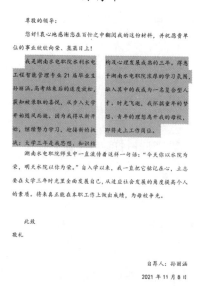

图 1.64　"分栏"对话框

图 1.65　设置分栏后的效果

1.1.5　打印输出

文档制作完后，一般都要对其进行打印，以便传阅。

1. 设置打印参数

一般的计算机能连接多台打印机，由于不同打印机的打印参数可能不一样，所以打印前要设置具体的打印参数。

操作步骤如下：

（1）打开要打印的文档，单击快速访问工具栏中的⬚按钮或选择菜单命令"文件"→"打印"→"打印"，弹出如图 1.66 所示的"打印"对话框。

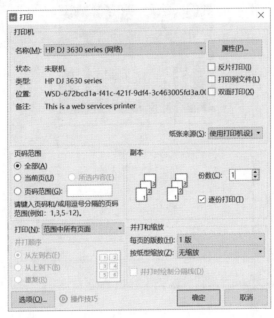

图 1.66　"打印"对话框

（2）在"打印机"区域的"名称"下拉列表中选择要使用的打印机。

（3）在"页码范围"区域设置打印的页码范围。

"全部"：打印整篇文档。

"当前页"：打印当前激活的页面，即鼠标指针定位的页面。

"页码范围"：在其后的文本框中输入页码范围。如"3、2-8、9-11"，表示打印第 3 页、第 2 页到第 8 页、第 9 页到第 11 页。

（4）勾选"逐份打印"复选框后，当打印的文档超过 1 页时，先打印完第 1 份文档的全部页面，再打印第 2 份文档，否则先把所有文档的第 1 页打印完再打印所有文档的第 2 页。

（5）勾选"双面打印"复选框，可实现双面打印。

2. 打印预览

设置完打印参数后，打印前可以通过打印预览窗口来查看文档打印的效果是否符合要求，如果对预览效果不满意，则可以进行重新设置。单击快速访问工具栏中的"打印预览"按钮🔍，或选择菜单命令"文件"→"打印"→"打印预览"，打开打印预览窗口，如图 1.67 所示。

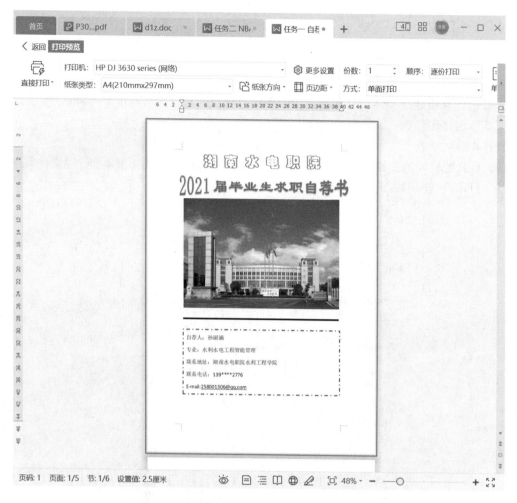

图 1.67　打印预览窗口

（1）单击"单页"按钮或"多页"按钮可以以单页或多页方式预览打印页面。

（2）在"显示比例"下拉列表中可以设置页面显示比例。

（3）单击"打印"下拉按钮，在弹出的下拉列表中选择"打印"命令可以重新打开"打印"对话框进行参数设置，选择"直接打印"命令可以直接打印文档。

（4）单击☒按钮，可关闭打印预览窗口。

3．打印文档

预览打印效果后，如果满意就可以进行文档打印。

操作步骤如下：

（1）在快速访问工具栏中单击"打印"按钮，弹出"打印"对话框，完成相关设置后，单击"确定"按钮即可开始打印文档。

此时系统通知区域（桌面右下角）会出现打印状态图标，双击该图标，弹出如图 1.68 所示的打印状态对话框。

（2）在该对话框的"文档名"上右击，在弹出的快捷菜单中选择"暂停"命令，可以暂停当前的打印操作；选择"重新启动"命令，可以重新开始打印操作；选择"取消"命令，可以取消当前的打印操作，如图 1.69 所示。

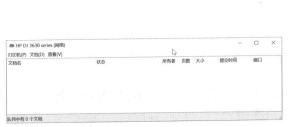

图 1.68　打印状态对话框

图 1.69　设置打印状态

任务实施

本任务的关键操作步骤如下：

（1）制作封面。

① 用插入艺术字的方法制作自荐书标题"2021 届毕业生求职自荐书"，具体操作方法参见 1.1.2 节的"插入艺术字"。

② 插入自荐书封面图片"水院.jpg"。

③ 插入文本框，并输入个人基本信息。

（2）参照图 1.2 中的表结构制作个人简历表，具体操作方法参见 1.1.3 节。

（3）制作自荐信。

① 完成基本文字录入。

② 参照图 1.3 中的样稿进行基本字体格式和段落格式的设置。

③ 参照图 1.3 中的样稿对正文第二段进行分栏操作。

任务小结

使用 WPS 创建文档时，其核心操作是输入和编辑文本，通过设置文本的字体、段落、边框等来美化文档，在文档中还可以根据实际应用场景和需要插入各种图片、艺术字、文本框及表格等，最终制作出图文并茂的办公文档。

任务 2　艺术小报排版

任务提出

为班级文体活动设计一个板报。内容为：回顾 NBA 的历史事件，展示几位球星的风采。

任务要求及分析

1. 任务要求

（1）新建一个空白文档，设置纸张大小：A3；纸张方向：横向；分栏：2 栏。

（2）插入如图 1.70 所示的艺术字和图片，并进行组合操作。

① 插入图片"NBA.jpg"。

② 插入艺术字"NBA 时空"，设置填充为黄、橙双色填充，底纹样式为水平。

③ 插入艺术字"乔丹复出空穴来风？"，设置填充为预设："彩虹出岫"，底纹样式为垂直。

④ 插入一根直线，线型：6磅；填充：红色。

⑤ 将四个图形对象组合成一个整体。

（3）插入如图1.70所示的数据表格。

图 1.70 NBA 板报样图

① 将"文字材料.txt"中的文字转换成表格。

② 插入一个文本框，将表格剪切后粘贴到该文本框中。

（4）插入形状和进行页面边框的设置。

① 根据样图，插入两个矩形框，套在左右两边的文本上。

② 设置页面边框的艺术型为松树。

该任务需要设置纸张大小和方向，还要分栏；需要插入图片、艺术字、文本框、表格等元素，还要实现图文混排；需要加上艺术边框。作品展示效果如图1.70所示。

2. 任务分析

板报是常见的文档，在制作时要掌握以下操作技能。

（1）页面的设置。

（2）各种图形对象的插入以及相关属性的设置，多个图形对象的组合操作。

（3）表格的拓展操作，文本转换为表格的操作，表格的艺术化效果设置等。

（4）图文混排的相关设置。

→ **相关知识点**

1.2.1　版面布局设置

在 WPS Office 中新建一个空白文档，文件名为"NBA 板报.docx"。一般新建文档的默认纸张大小都是 A4，本任务需要大一些的纸张，纸张方向也要调整，且整个页面要分成两栏。所以，我们在"页面布局"选项卡中进行设置。

（1）单击"纸张大小"按钮，在弹出的下拉列表中选择"A3"，单击"纸张方向"按钮，在弹出的下拉列表中选择"横向"，如图 1.71 和图 1.72 所示。

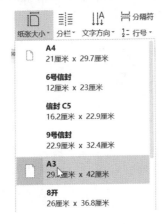

图 1.71　设置纸张大小

图 1.72　设置纸张方向

（2）单击"分栏"按钮，在弹出的下拉列表中选择"更多分栏"命令，弹出"分栏"对话框，在"预设"选项组中选择"两栏"，在间距微调框中输入"7"，如图 1.73 所示。

（3）单击"页面边框"按钮，弹出"边框和底纹"对话框，选择"页面边框"选项卡，设置页面边框为"方框"，艺术型为"松树"（此设置也可以最后设置），如图 1.74 所示。

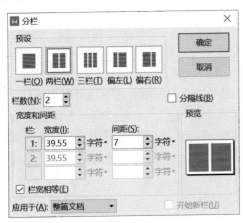

图 1.73　设置分栏

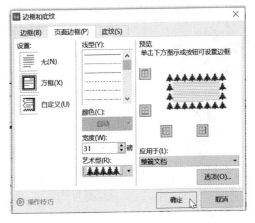

图 1.74　设置页面边框

1.2.2　正文格式设置

打开素材包中的文本文件"文字材料.txt"，将其中的所有文字复制到"NBA 板报.docx"中。正文设置为宋体、小四；将小标题"得分王——艾弗逊"设置为华文彩云、小初，字体颜色为"巧克力黄，着色 6，深色 50%"，插入文字并完成设置后的效果如图 1.75 所示。

里克是美国著名的体育评论家，每期《体育画报》最后一篇文章，都是他对体育现象的评论。最近关于乔丹将复出的新闻，也出于此人这篇文章。

别听他的，听我说。迈克尔·乔丹真的非常想复出——他还想让巴克利和他一起复出。

我知道，乔丹上周刚说过他常说的话："有 99.9%的可能我将不会复出。"不过也别忘了他上周说过的一句话："我绝不会说'绝不'。"

据一个和乔丹关系极亲密的消息来源，他有 90%的可能性在下赛季以华盛顿奇才队队员的身份复出，他将拿 100 万美元年薪的"老将最低工资"，为的是让奇才腾出更多薪金上限余额以招募其他高水平球员，那个 TNT 电视网的大胖子评论员巴克利，也将接受这种条款，他最近已减掉 30 磅的体重。

巴克利说："无可奉告"，不过又说："这么讲，除非是特别好的环境，否则不会复出。"，如果乔丹当地的队友还不是"特别好的环境"，那么麦当娜就是个修女。我的消息来源告诉我，乔丹正面临着两大难题：一是说服他的妻子；二是放弃他的奇才队的股份。

NBA 禁忌球员拥有球队股份，而乔丹现在可能拥有奇才队 5%~10%的股份，所以必须将复出之前把这些股份存放在一个中间公司，直到他再次退役时，再收回这些股份。

巴克利和乔丹最近都刻苦训练，芝加哥有人说乔丹最近每天训练达 6 小时，上周的 7 天时间内，他在菲尼克斯的加州健身俱乐部，一位乐部工作人员说："他看起来只有 25 岁"。

乔丹为什么要复出呢？

一、他看到勒梅斯复出成功，他觉得自己也行。别以为乔丹不想到球场上去给艾弗逊、布莱恩特之流上上课。

二、他还酷爱这项运动。乔丹最大的乐趣就是在场上打败对手，然后在场外和队友们取乐。他一直想和他最好的朋友巴克利并肩作战。

三、他痛恨失败。在奇才队，他遭遇了太多的失败。他等不到两三年后奇才队的复活，他现在渴望胜利。

别追问乔丹为什么会毁掉他最后的完美表演，如果乔丹只爱一样东西，那就是挑战。

得分王——艾弗逊

单场合 54 分的最高得分，让艾弗逊拿到了 1 月第一周的最佳球员荣誉，还有费城 76 人在新世纪里取得的首次一次连胜。在这令人瞩目的成绩下，需要探讨的结论是，艾弗逊是否有资格当选为本赛季的 MVP（最有价值球员）。

在费城，艾弗逊的个人英雄形象显然已经被塑造得更加丰满。在 1 月 14 日，76 人主场对马刺的比赛中，76 人以 100∶83 胜出。艾弗逊除一人独得 40 分，还以他 1.83 米的身高拿下 5 个篮板球。在离终场时间不多时，主教练布朗将艾弗逊换下场，全场两万多名激动的费城人起立为他鼓掌。赛后，ESPN 为艾弗逊制作了一期专题节目，赞扬了艾弗逊日益成熟的球技。节目还得出结论：矮小的艾弗逊永远无法摆脱他通过愚弄别人而获得打球乐趣的心理，但是现在这种需求已经降低到了第 2 位，排在首位的是，保证本队能够战胜对手。

当然，并非每个对手都愿意让艾弗逊如愿以偿。在对垒干扰者时，艾弗逊遭遇了极大的痛苦，因为打败他的是他的老相识华莱士。华莱士来自费城，尽管华莱士的母亲在比赛之前与艾弗逊有过一次亲热的拥抱，但是并没有妨碍华莱士在比赛中得 18 分还有 10 个篮板。对艾弗逊来说，要成长为真正的巨星，必须经历更多这样的痛苦，被朋友击败的痛苦。不过，除这场比

赛的失败，有两件事还是值得艾弗逊高兴的。首先，费城 76 人队现在东部稳位居第一，自从巴克利走后，这样的情况极少发生。另外，随着球队的节节胜利，主教练布朗不再找艾弗逊的麻烦。

除了布朗，现在整个费城都在为艾弗逊当选常规赛季 MVP 而摇旗呐喊，以他目前的状态和 76 人的成绩，并非没有可能。

在明尼苏达州，凯文·加内特已经成为明尼苏达州的榜样。虽然加内特没有上过大学，但是他彬彬有礼，洁身自好，桃色新闻更少，当地的一位社区辅导员杰克说："我们总是在为那些不太规矩的孩子寻找榜样，也许加内特就是一个很好的人选。他现在的生活可以成为很多黑人孩子的目标。"其实，不止是孩子，在球队内部，加内特已经承担起榜样的角色。比尔拉普斯刚刚从波士顿转会过来，因为伟大的凯尔特人并没有给比尔拉普斯留下什么不好的印象，他觉得被忽视了。比尔拉普斯说："来到森林狼我很高兴，因为可以跟加内特一起打球。"

NBA技术统计榜

得分：1—艾弗逊（76 人）　　31.1
　　　2—布莱恩特（湖人）　　29.6
　　　3—斯塔克豪斯（活塞）　29.1
篮板：1—穆托姆博（76 人）　14.2
　　　2—奥尼尔（湖人）　　　12.7
　　　3—麦克代斯（掘金）　　12.3
助攻：1—基德（太阳）　　　　10.0
　　　2—斯托克顿（爵士）　　9.2
　　　3—范埃克塞尔（掘金）　8.4

图 1.75　插入文字并完成设置后的效果

1.2.3　图形对象的组合操作

图 1.76　插入的图片

本任务中的报头由四个图形对象组合而成，包括一张图片、一条直线、两个艺术字。

1. 图片的插入与基本设置

在"插入"选项卡中单击"图片"按钮，在弹出的下拉列表中选择"本地图片"，选择素材包中的图片"艾弗森.jpg"，单击"确定"按钮完成图片的插入。在默认情况下，将按照 100%的比例插入图片（在文档的页面足够大的情况下），同时在图片四周出现一组大小调节句柄和一个旋转句柄，如图 1.76 所示。

2. 图片的基本设置

1）通过句柄调整图片大小

（1）将鼠标指针移动到左上角的调节句柄上，当指针变为双向斜箭头时，拖动鼠标可以在长宽两个方向等比例缩放图片，右下角的调节句柄的用法与其相同。

（2）将鼠标指针移动到左侧中部的调节句柄上，当指针变为双向水平箭头时，拖动鼠

标可以在长度方向缩放图片，此时，图片会发生形状畸变，右侧中部的调节句柄的用法与其相同。将鼠标指针移动到上方中部的调节句柄上，当指针变为双向竖直箭头时，拖动鼠标可以在宽度方向缩放图片，此时，图片也会发生形状畸变，下方中部的调节句柄的用法与其相同。

（3）将鼠标指针移动到上部的旋转句柄上，当指针变为旋转箭头时，拖动鼠标可以旋转图片。

2）通过"布局"对话框调整图片

选中图片，系统会自动打开"图片工具"选项卡，其中包含一些图片编辑工具，如图1.77所示。

图 1.77　"图片工具"选项卡

单击该选项卡中的"大小与位置"按钮，弹出"布局"对话框，通过该对话框调整图片的操作步骤如下：

（1）在"大小"选项卡中可以设置图片大小，如图 1.78 所示，也可以设置图片的高度、宽度、旋转角度及整体缩放比例等。

（2）在"文字环绕"选项卡中可以设置图片与文字之间的相对位置关系，如图 1.79 所示。通常默认使用的文字环绕类型为"嵌入型"，可以将图片置于文档的固定位置，效果如图 1.80 所示。其他环绕类型，例如，"四周型"可以将文字环绕在图片四周，且可以通过拖动来调节图片的位置，效果如图 1.81 所示；"衬于文字下方"可以将图片置于文字下层，效果如图 1.82 所示；"浮于文字上方"可以将图片置于文字上层，效果如图 1.83 所示。

（3）单击"裁剪"按钮时，在图片四周会出现裁剪标记，如图 1.84 所示。将鼠标指针移到裁剪标记上，指针形状变化后，拖动这些标记可以确定剪裁区域的大小。从右侧的弹出式面板中还可以选择裁剪区域的形状，如图 1.85 所示。

图 1.78　"大小"选项卡

图 1.79　"文字环绕"选项卡

这样的情况极少发生。

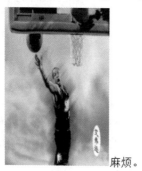

麻烦。

图 1.80　嵌入型环绕效果

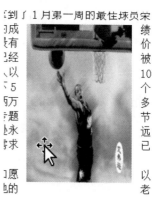

图 1.81　四周型环绕效果

图 1.82　衬于文字下方效果

图 1.83　浮于文字上方效果

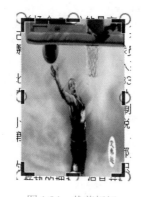

图 1.84　裁剪标记

图 1.85　按形状裁剪

3）调整色彩和轮廓

选中图片，单击"颜色"按钮，在弹出的下拉列表中选择一种比较满意的颜色效果，如

图 1.86 所示为"灰度"颜色效果，如图 1.87 所示为"黑白"颜色效果，然后恢复到"自动"颜色。

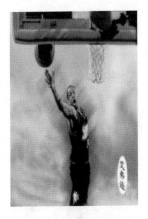

图 1.86　设置灰色效果

图 1.87　设置黑白效果

（1）选中图片，单击"图片轮廓"下拉按钮，在弹出的下拉列表中选择图片轮廓的颜色和线型，如图 1.88 所示，效果如图 1.89 所示。

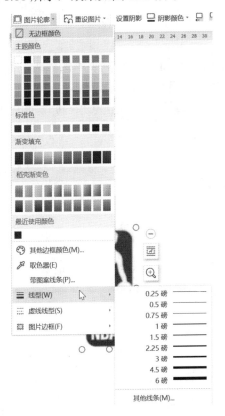

图 1.88　设置图片轮廓

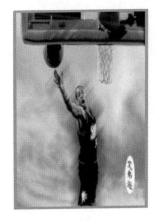

图 1.89　设置图片轮廓效果

（2）选中图片，单击"效果"下拉按钮，按照如图 1.90 所示的为图片设置阴影效果，效果如图 1.91 所示。

还可以为图片设置倒影、发光、柔化边缘、三维旋转等艺术效果。

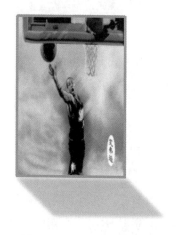

图 1.90　设置图片阴影　　　　　　　　　　　图 1.91　设置图片阴影效果

3. 形状的插入和基本设置

（1）在"插入"选项卡中单击"形状"按钮，在弹出的下拉列表中选择"直线"，如图 1.92 所示，插入一条直线（按住 Shift 键，可以把线画得很直）。

（2）选中直线，在"图片轮廓"下拉列表中，设置直线线型为"6 磅"，颜色为"红色"，效果如图 1.93 所示。

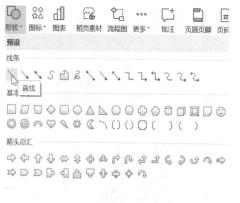

图 1.92　选择"直线"　　　　　　　　　　图 1.93　直线设置效果

4. 艺术字的插入和基本设置

1）插入艺术字

我们已经了解基本的艺术字插入流程，在本任务中，我们要用 WPS 旧版的艺术字，需要通过插入水印的方式插入艺术字，操作步骤如下：

先插入文字水印，然后进入页眉或页脚编辑状态，剪切插入的水印，如图 1.94 所示，再回到正文粘贴。这样，编辑艺术字时，就可以像 WPS 旧版一样用艺术字工具调整艺术字样式。本任务需按照此方法操作，编辑艺术字文字为"NBA 时空"，效果如图 1.95 所示。

图 1.94　插入水印并剪切

图 1.95　艺术字编辑效果

2）艺术字效果设置

（1）在"编辑'艺术字'文字"对话框中，设置字体为宋体，字号为 36，字形为加粗，单击"确定"按钮，如图 1.96 所示。

（2）单击"艺术字"按钮，弹出"艺术字库"对话框，选择第四排从左数第三个艺术字样式，单击"确定"按钮，如图 1.97 所示。

图 1.96　编辑艺术字文字

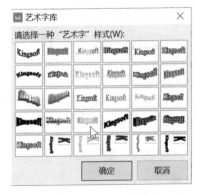

图 1.97　设置艺术字样式

（3）设置艺术字"NBA 时空"的填充效果为"渐变"→"双色"，底纹样式为水平，如图 1.98 所示，效果如图 1.99 所示。

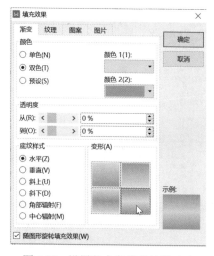

图 1.98　设置艺术字填充效果（1）

图 1.99　艺术字填充效果（1）

（4）设置艺术字"乔丹复出空穴来风?"的文字字体为隶书，字号为 36。填充效果设置为"渐变"→"预设"→"彩虹出岫"，底纹样式为垂直，如图 1.100 所示，效果如图 1.101 所示。

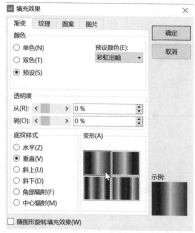

图 1.100　设置艺术字填充效果（2）

图 1.101　艺术字填充效果（2）

5.　组合操作

为了方便编辑和调整文档，我们要将报头设置为一个整体，需要进行图形对象的组合操作，操作步骤如下：

按住 Ctrl 键选定四个图形对象。

在"绘图工具"选项卡的"排列"组中单击"组合"按钮，在弹出的下拉列表中选择"组合"命令，如图 1.102 所示。将四个图形组合为一个图形，效果如图 1.103 所示。

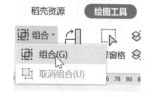

图 1.102　选择"组合"命令

图 1.103　图形对象组合效果

1.2.4　数据表格的插入与设置

1. 表格的插入

在本任务中，我们采用文本转换成表格的方法制作表格。

（1）文本准备。

将文档中的表格文本进行简单的编辑排列后，形成行列对齐的文本块（列与列之间至少间隔 1 个空格），如图 1.104 所示。

（2）选中相应文本后，单击"插入"选项卡中的"表格"按钮，在弹出的下拉列表中选择"文本转换成表格"命令，生成的表格如图 1.105 所示。

得分：	1—艾弗逊（76人）	31.1
得分：	2—布莱恩特(湖人)	29.6
得分：	3—斯塔克豪斯(活塞)	29.1
篮板：	1—穆托姆博(76人)	14.2
得分：	2—奥尼尔(湖人)	12.7
得分：	3—麦克代斯(掘金)	12.3
助攻：	1—基德(太阳)	10.0
得分：	2—斯托克顿(爵士)	9.2
得分：	3—范埃克塞尔(掘金)	8.4

图 1.104　编辑表格文本　　　　　　　　图 1.105　生成的表格

2. 表格的设置

（1）设置表格的行高为 0.5 厘米，设置表格中所有文字字号为 5 号，删除多余文字。

（2）单击"表格工具"选项卡中的"表格属性"按钮，弹出"表格属性"对话框，选择"单元格"选项卡，单击"选项"按钮，弹出"单元格选项"对话框，将单元格上下左右边距都设置为 0，如图 1.106 所示。在"表格样式"选项卡中设置表格的边框颜色为"白色，背景 1，深色 5%"。单击"边框"下拉按钮，在弹出的下拉列表中选择"所有框线"命令。

（3）设置表格的第 1、3 列文字颜色为橙色，第 2 列文字颜色为玫红色。插入一文本框，将表格剪切后粘贴到其中，按照样图位置放到右上角。表格完成效果如图 1.107 所示。

图 1.106　设置单元格边距

图 1-107　表格完成效果

🔜 任务实施

本工作任务的关键操作步骤如下：

（1）页面设置和分栏。

设置纸张大小为 A3，设置分栏为 2 栏，栏间距为 7 个字符。

（2）文本的基本处理。

输入文本后进行基本的字体和段落格式设置，参看 1.2.2 节。

（3）制作板报艺术标题。

参照样图将两个艺术字、一张图片和一个形状（一条直线）组合成一个对象，参看 1.2.3 节。

（4）插入其他图片和形状。

① 将剩余的图片插入文档中，文字环绕方式都设置为四周型。按照样图调整图片的大小和位置。

② 按照前述方法插入直线。设置其线型为 6 磅，颜色为红色。

③ 最后一个艺术字的插入方法与前面的一致。需要注意的是，单击"艺术字"按钮，弹出"艺术字库"对话框，选择第二排从左数第四个艺术字样式，如图 1.108 所示。设置其轮廓为"黑色，文本 1，浅色 50%"；按照样图调整其大小和位置，效果如图 1.109 所示。

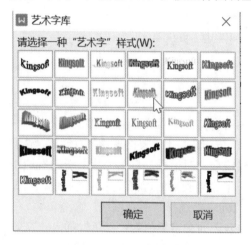

图 1.108　设置艺术字样式

图 1.109　艺术字设置效果

④ 插入一个矩形，设置其为无填充色，调整其大小，以覆盖左侧整个文本区域，然后复制一个矩形，能覆盖右边文本区域即可。

任务小结

使用 WPS 进行图文混排时，其核心操作是输入和编辑文本，以及插入图片，通过设置图片的环绕方式来形成图文混排，美化文档。新建表格和编辑美化表格是常见表格的制作方法。

任务 3　毕业论文排版

任务提出

毕业论文是每位大学生毕业前必须完成的一项任务，毕业论文的排版对许多同学来说是一大难题。下面我们就对论文排版中经常碰到的一些问题进行讲解。

➡ **任务要求及分析**

1. 任务要求

（1）将封面排版。

（2）在第三页制作目录。

（3）在页脚中间插入页码，封面至目录都不显示页码。

（4）从第三页目录开始页眉右边插入文字"毕业论文—留言板制作"。

2. 任务分析

论文一般都是长文档，包含封面、摘要、目录和正文等，在本任务中，要设置页眉和页脚，用于放置章节名称和添加页码；还要添加脚注，用于对专业名词进行解释。

➡ **相关知识点**

1.3.1 设置页面

打开源文档"毕业论文（文本）.docx"，然后进行论文的页面设置。

单击"页面布局"选项卡中的"页边距"按钮，在弹出的下拉列表中选择"自定义页边距"命令，弹出"页面设置"对话框，选择"页边距"选项卡，设置每页的上方和左侧的页边距均为 2.5 厘米，下方和右侧的页边距均为 2 厘米，装订线宽为 0.5 厘米，如图 1.110 所示，切换到"版式"选项卡，设置页眉和页脚距边界均为 1 厘米，如图 1.111 所示。

图 1.110 设置页边距

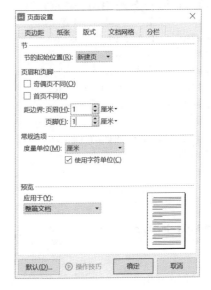

图 1.111 设置页眉和页脚

1.3.2 设置标题样式和多级列表

1. 设置标题样式

在论文中我们需要为各级章节标题设置相应的格式。论文一般都是长文档，各级标题的格式都是一致的，可以通过设置和应用样式来实现对论文中各级标题格式的快速设置。样式是文字格式（字体、字号与字形等）与段落格式（段落对齐、缩进、行距、项目编号等）等格式设置的一个集合，是一种综合设置。

1）应用系统自带的预设样式

选中要应用样式的文本，单击"开始"选项卡中的"样式"下拉按钮，弹出"预设样式"下拉列表，单击要应用的样式名称即可，如图 1.112 所示。

2）新建样式（自定义样式）

按照规定先对相应的标题格式进行设置，然后打开"预设样式"下拉列表，选择"新建样式"命令，弹出"新建样式"对话框，为新建的样式命名即可。各级标题在设置格式后都可以新建对应的样式并加以应用，以提高论文文档的编辑排版效率。

在本任务中，我们选中文本"留言板的制作"，设置为：黑体、小三号、加粗、居中对齐，大纲级别 1 级。然后打开"新建样式"对话框，在"名称"后的编辑框中输入"大章节标题"，如图 1.113 所示。选中文本"需求分析和方案论证"，设置为：宋体、四号字、加粗，大纲级别 2 级。新建样式并命名为"论文二级标题"，如图 1.114 所示。选中文本"功能需求"，设置为：宋体、小四号字、加粗，大纲级别 3 级。新建样式并命名为"论文三级标题"，如图 1.115 所示。

大纲级别的设置步骤：单击"视图"选项卡中的"大纲"按钮，打开"大纲"视图，单击"正文文本"下拉按钮，从"大纲级别"下拉列表中选择要设置的大纲级别即可。

图 1.112 "预设样式"下拉列表

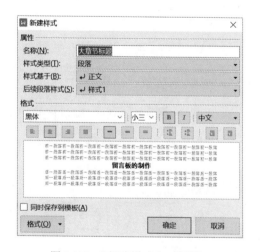

图 1.113 "新建样式"对话框

图 1.114　新建样式并命名为"论文二级标题"　　图 1.115　新建样式并命名为"论文三级标题"

3）应用自建样式

选中相应的章节标题，根据其层级选择相应的自建样式应用即可。在本任务中，我们选中第三节标题文本"1.3　详细设计与系统实现"，然后打开"预设样式"下拉列表，选择样式"论文二级标题"加以应用；再选中文本"1.3.1　留言的签写与保存模块设计"，选择样式"论文三级标题"加以应用，如图 1.116 和图 1.117 所示。

图 1.116　应用自建样式　　　　　　　图 1.117　应用自建样式后的效果

2．设置多级列表

多级列表是指将编号层次关系进行多级缩进排列，常用于图书的目录或章节层次编制。

在本任务中，我们使用多级列表技巧来设置章节层次。

（1）选中章节中的各级标题文本（为方便演示，我们以前面两节为例），在选中的文本上右击，在弹出的快捷菜单中选择"项目符号和编号"命令，弹出"项目符号和编号"对话框，切换到"多级编号"选项卡，选择如图 1.118 所示的多级编号样式，然后单击"确定"按钮，创建的多级列表如图 1.119 所示。

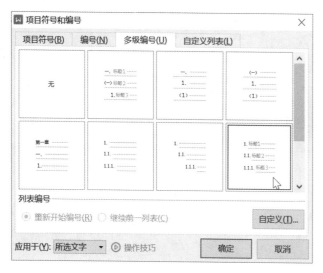

图 1.118 "项目符号和编号"对话框 · · · · · · · · · · · 图 1.119 创建的多级列表

（2）目前的列表均为同一等级，还需要进一步设置层级。选中"2. 需求分析和方案论证"对应的文本行，在其上右击，在弹出的快捷菜单中选择"增加缩进量"命令，如图 1.120 所示，将其降为 1.1 层级。选中 3、4、5 这三行内容，在其上右击，在弹出的快捷菜单中选择"增加缩进量"命令，再次在其上右击，在弹出的快捷菜单中选择"增加缩进量"命令，效果如图 1.121 所示。

（3）使用类似的方法依次调整其余内容层级，最终效果如图 1.122 所示。

图 1.120 选择"增加缩进量"命令 · · · · · · 图 1.121 设置层级的效果 · · · · · · 图 1.122 设置层级的最终效果

提示：如果要提升选中内容的层级，则可以在选中的文本上右击，在弹出的快捷菜单中选择"减少缩进量"命令。

1.3.3 添加脚注

论文的脚注就是放在论文页面下端的注文。脚注和尾注是对文本的补充说明。下面我们来学习怎样插入脚注。

（1）把鼠标光标置于要添加脚注处（"ASP"的后面），然后单击"引用"选项卡中的"插入脚注"按钮，如图 1.123 所示。

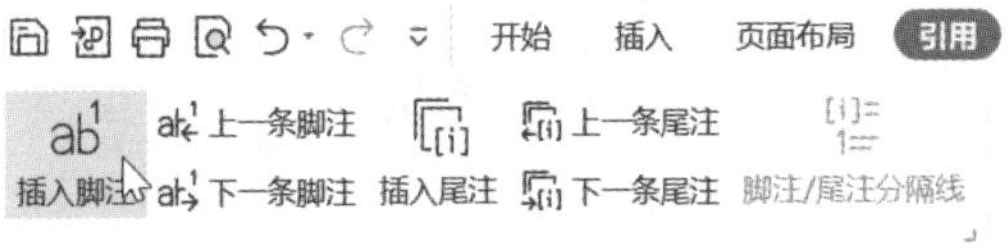

图 1.123　单击"插入脚注"按钮

（2）此时，光标所在的右上方的位置出现一个角标 1。在页面底部出现脚注分隔线和脚注标号 1，如图 1.124 所示。

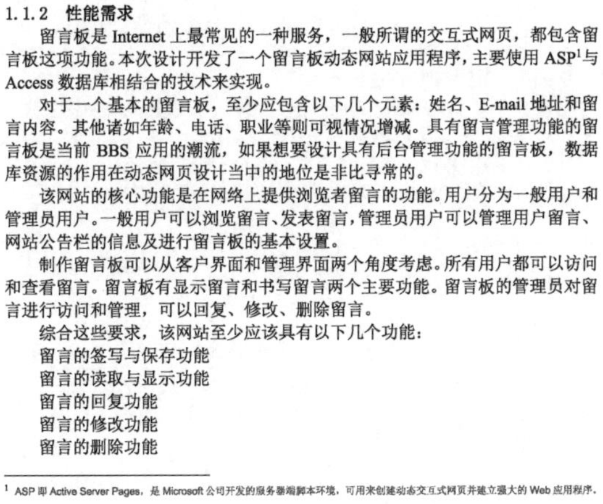

图 1.124　单击"插入脚注"按钮后的效果

（3）在该位置输入该条目的解释和说明"Active Server Page（动态服务器页面）→Microsoft 开发的服务器端脚本环境，可用于创建动态交互式网页和构建功能强大的 Web 应用程序。"。

（4）如果不需要脚注分隔线，则可以单击"脚注/尾注分隔线"按钮，如图 1.125 所示，删除脚注分隔线。

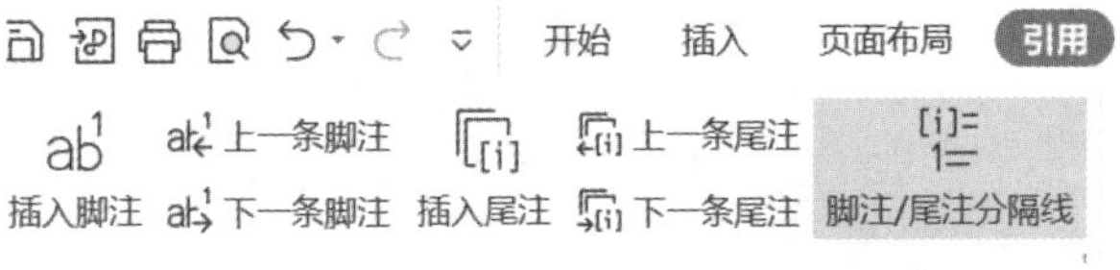

图 1.125　单击"脚注/尾注分隔线"按钮

1.3.4　添加页眉和页脚

使用页眉和页脚功能，可以在每个页面顶部和底部添加相同的内容，如企业标记、章节标题及页码等。

（1）在"插入"选项卡中单击"页眉页脚"按钮，如图 1.126 所示。此时，正文被禁止编辑，页眉和页脚处于编辑状态，如图 1.127 所示，用户可以在文本框中输入页眉和页脚的相关内容。

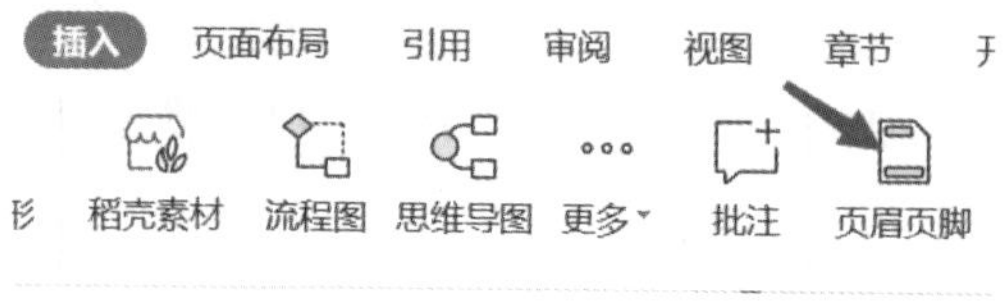

插入 页面布局 引用 审阅 视图 章节 于

稻壳素材 流程图 思维导图 更多 批注 页眉页脚

图 1.126 单击"页眉页脚"按钮

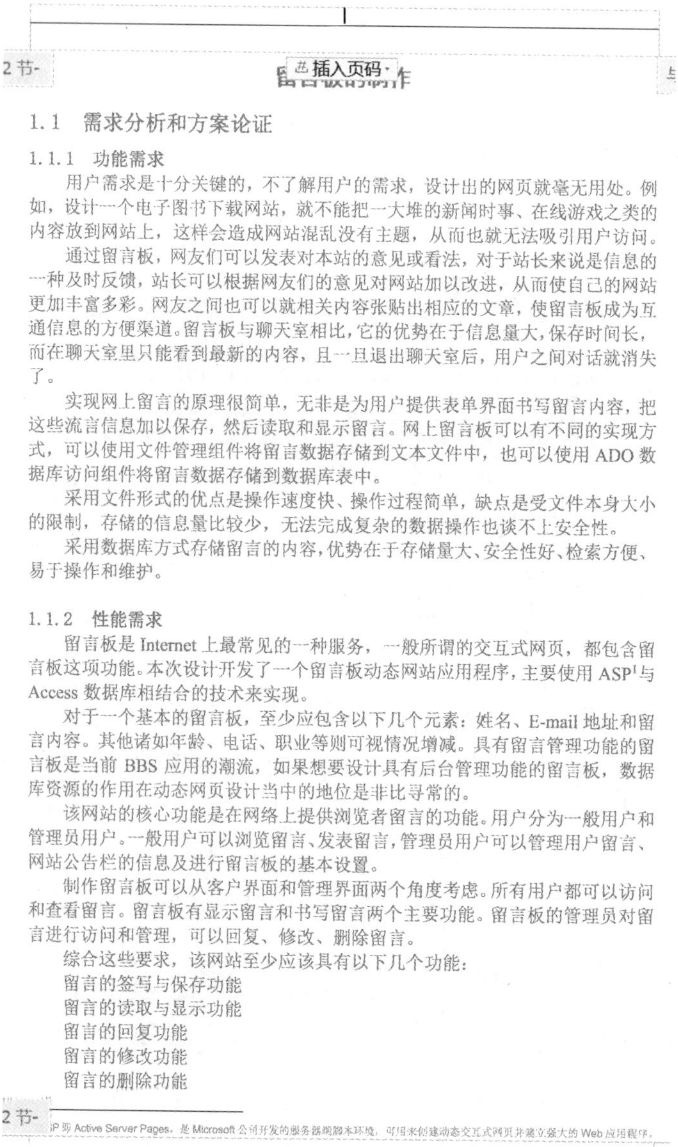

2 节·

插入页码·

1.1 需求分析和方案论证

1.1.1 功能需求

用户需求是十分关键的，不了解用户的需求，设计出的网页就毫无用处。例如，设计一个电子图书下载网站，就不能把一大堆的新闻时事、在线游戏之类的内容放到网站上，这样会造成网站混乱没有主题，从而也就无法吸引用户访问。

通过留言板，网友们可以发表对本站的意见或看法，对于站长来说是信息的一种及时反馈，站长可以根据网友们的意见对网站加以改进，从而使自己的网站更加丰富多彩。网友之间也可以就相关内容张贴出相应的文章，使留言板成为互通信息的方便渠道。留言板与聊天室相比，它的优势在于信息量大，保存时间长，而在聊天室里只能看到最新的内容，且一旦退出聊天室后，用户之间对话就消失了。

实现网上留言的原理很简单，无非是为用户提供表单界面书写留言内容，把这些流言信息加以保存，然后读取和显示留言。网上留言板可以有不同的实现方式，可以使用文件管理组件将留言数据存储到文本文件中，也可以使用 ADO 数据库访问组件将留言数据存储到数据库表中。

采用文件形式的优点是操作速度快、操作过程简单，缺点是受文件本身大小的限制，存储的信息量比较少，无法完成复杂的数据操作也谈不上安全性。

采用数据库方式存储留言的内容，优势在于存储量大、安全性好、检索方便、易于操作和维护。

1.1.2 性能需求

留言板是 Internet 上最常见的一种服务，一般所谓的交互式网页，都包含留言板这项功能。本次设计开发了一个留言板动态网站应用程序，主要使用 ASP[1]与 Access 数据库相结合的技术来实现。

对于一个基本的留言板，至少应包含以下几个元素：姓名、E-mail 地址和留言内容。其他诸如年龄、电话、职业等则可视情况增减。具有留言管理功能的留言板是当前 BBS 应用的潮流，如果想要设计具有后台管理功能的留言板，数据库资源的作用在动态网页设计当中的地位是非比寻常的。

该网站的核心功能是在网络上提供浏览者留言的功能。用户分为一般用户和管理员用户。一般用户可以浏览留言、发表留言，管理员用户可以管理用户留言、网站公告栏的信息及进行留言板的基本设置。

制作留言板可以从客户界面和管理界面两个角度考虑。所有用户都可以访问和查看留言。留言板有显示留言和书写留言两个主要功能。留言板的管理员对留言进行访问和管理，可以回复、修改、删除留言。

综合这些要求，该网站至少应该具有以下几个功能：

留言的签写与保存功能

留言的读取与显示功能

留言的回复功能

留言的修改功能

留言的删除功能

2 节·

ASP 即 Active Server Pages，是 Microsoft 公司开发的服务器端脚本环境，可用来创建动态交互式网页并建立强大的 Web 应用程序。

图 1.127 页眉和页脚处于编辑状态

设置完成后，在正文中的任意位置双击，可返回正文编辑状态。

提示：也可以在页眉和页脚位置双击，即可进入页眉和页脚编辑状态，编辑完成后在正文中双击或按 Esc 键即可返回正文编辑状态。

（2）在设置页脚时可以插入页码，激活页脚后，单击"插入页码"浮动按钮，在弹出的面板中选择一种页面格式，如选择将页码设置在其右侧，设置完成后单击"确定"按钮，如图 1.128 所示，页码效果如图 1.129 所示。

図 1.128　设置页码位置　　　　　　　　　　　图 1.129　页码效果

（3）使用其他方法设置页码。

除了在编辑页眉和页脚时可以设置页码，还可以按照以下方法设置页码。

① 在"插入"选项卡中单击"页码"按钮，可以在弹出的下拉列表中选择系统预设的页码的样式，如图 1.130 所示。

② 在该下拉列表底部选择"页码"命令，弹出"页码"对话框，如图 1.131 所示，在该对话框中可以详细设置页码格式，如页码样式、页码位置及页码的起始编号等，设置完成后单击"确定"按钮。

图 1.130　选择页码的样式　　　　　　　　　　图 1.131　"页码"对话框

1.3.5 论文分节和自动生成目录

1. 论文分节

分节排版通常用于一篇文档中各章节之间有所区别的情况，如页眉与页脚、页边距及纸张大小不同等。这样可以设计出许多具有特殊风格的版式，如在文档的一页中设置某一段纵向分成 2 栏等。

（1）将鼠标光标置于要分节的位置。

（2）在“页面布局”选项卡的“页面设置”组中单击“分隔符”按钮，在弹出的下拉列表中选择“下一页分节符”命令，如图 1.132 所示，分节符后面的那一节将从下一页开始。在本任务中，将插入点定位到正文起始处，进行本步操作。

（3）在“页面布局”选项卡的“页面设置”组中单击“分隔符”按钮，在弹出的下拉列表中选择“连续分节符”命令，分节符后面的那一节将从当前页开始。

（4）在“页面布局”选项卡的“页面设置”组中单击“分隔符”按钮，在弹出的下拉列表中选择“偶数页分节符”命令，分节符后面的那一节将从下一个偶数页开始，对于一般图书，就是从左手页开始。

（5）在“页面布局”选项卡的“页面设置”组中单击“分隔符”按钮，在弹出的下拉列表中选择“奇数页分节符”命令，分节符后面的那一节将从下一个奇数页开始，对于一般图书，就是从右手页开始。

如果要将文档的几段作为一节来处理，则必须插入两个分节符，一个在这些段之前，一个在这些段之后。插入两个分节符后，这些段就自成一节，用户可以将鼠标光标移到该节中， 单独对其进行排版，分节设置效果如图 1.133 所示。

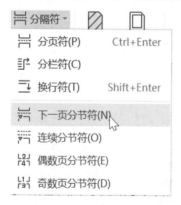

图 1.132　选择“下一页分节符”命令

实现网上留言的原理很简单，无非是为用户提供表单界面书写留言内容，把这些流言信息加以保存，然后读取和显示留言。网上留言板可以有不同的实现方式，可以使用文件管理组件将留言数据存储到文本文件中，也可以使用 ADO 数据库访问组件将留言数据存储到数据库表中。

采用文件形式的优点是操作速度快、操作过程简单，缺点是受文件本身大小的限制，存储的信息量比较少，无法完成复杂的数据操作也谈不上安全性。采用数据库方式存储留言的内容，优势在于存储量大、安全性好、检索方便、易于操作和维护。

1.1.2 性能需求

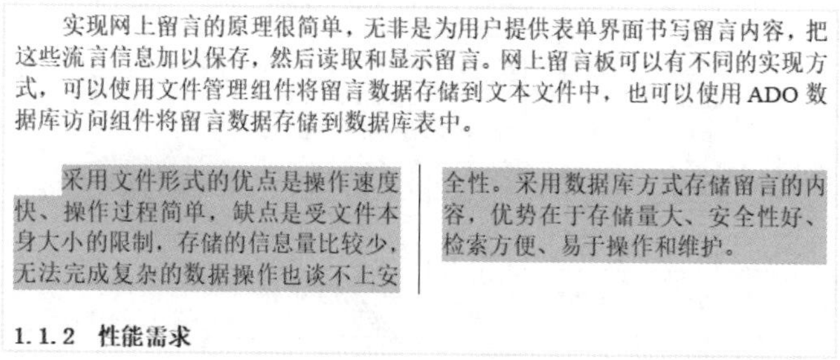

图 1.133　分节设置效果

2. 目录的自动生成

文本基本排版完成后，下面我们来学习怎样自动生成目录。

（1）在正文前插入一个空白页。

（2）单击“引用”选项卡中的“目录”按钮，在弹出的下拉列表中选择“自动目录”，如图 1.134 所示，将“目录”两字设置为黑体、四号，自动生成的目录如图 1.135 所示。

图 1.134　选择"自动目录"

目录

留言板的制作..1
　1.1　需求分析和方案论证..1
　　1.1.1　功能需求..1
　　1.1.2　性能需求..1
　　1.1.3　方案论证..2
　1.2　总体设计..2
　　1.2.1　软件运行环境设计..2
　　1.2.2　系统模块设计..2
　　1.2.3　数据库结构设计...2
　1.3　详细设计与系统实现...5
　　1.3.1　留言的签写与保存模块设计............................5
　　1.3.2　留言的读取与显示模块设计............................6
　　1.3.3　留言的回复模块设计.....................................9
　　1.3.4　留言的修改模块设计.....................................10
　　1.3.5　留言的删除模块..11
　1.4　网站测试与性能分析...12

图 1.135　自动生成的目录

3. 自定义目录

在章节标题都设置完成后，也可以通过自定义目录的方式来生成目录，操作步骤如下：

（1）在正文前插入一个空白页。

（2）单击"引用"选项卡中的"目录"按钮，在弹出的下拉列表中选择"自定义目录"命令，弹出"目录"对话框，如图 1.136 所示，进行相关设置后生成的目录如图 1.137 所示。需要注意的是，"目录"两字需自己输入，并设置为黑体、四号。

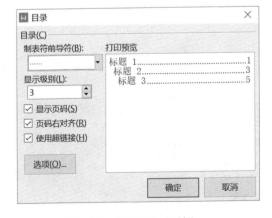

图 1.136　"目录"对话框

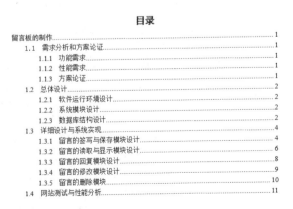

目录

留言板的制作..1
　1.1　需求分析和方案论证..1
　　1.1.1　功能需求..1
　　1.1.2　性能需求..1
　　1.1.3　方案论证..1
　1.2　总体设计..2
　　1.2.1　软件运行环境设计..2
　　1.2.2　系统模块设计..2
　　1.2.3　数据库结构设计...2
　1.3　详细设计与系统实现...4
　　1.3.1　留言的签写与保存模块设计............................4
　　1.3.2　留言的读取与显示模块设计............................6
　　1.3.3　留言的回复模块设计.....................................8
　　1.3.4　留言的修改模块设计.....................................9
　　1.3.5　留言的删除模块..10
　1.4　网站测试与性能分析...11

图 1.137　设置后生成的目录

1.3.6　添加论文摘要和封面

论文的摘要和封面都有固定的格式要求，这些格式要求如下：

（1）论文标题使用二号、黑体字并加粗、居中。

（2）如果有论文副标题则使用小二号字，在正标题下居中，文字前面加破折号。

（3）填写姓名、专业、学号等项目时使用三号楷体字。

（4）摘要使用三号黑体字并居中，上下各空一行，内容使用小四号楷体字。

（5）摘要中的关键词使用四号黑体字，内容使用小四号黑体字。

论文封面效果如图 1.138 所示，论文摘要和其中的关键词效果如图 1.139 所示。

江南职业技术学院
毕业论文

题目：留言板的制作

姓　　名　_____

学　　号　_____

系　　别　_____

专业班级　_____

指导教师　_____

年　　　月

图 1.138　论文封面效果

[摘要]

留言板是 Internet 上最基本的交互式网页，是网络上提供的一项基本服务，也是一个和浏览者交流、沟通的园地。它可以设计得很简单，纯粹只收集观赏者的资料和意见，也可以设计得很复杂，例如提供查询指定留言的功能，其间的取舍取决于网页开发者的能力及需求。无论是主动地上网提问，还是被动地留下姓名、E-mail、留言及建议等，无不是留言板基本或其拓展的应用。系统开发任务主要包括前台界面的设计和后台数据库管理的设计。

经过详细的分析和调查，本设计采用 Microsoft ASP 作为开发工具，后台数据库采用 Access 数据库设计，利用 ADO 数据库访问技术实现对数据库的各种管理操作，实现留言板的留言及管理功能。设计过程中，首先建立了系统的应用原型，然后在此基础上进行需求迭代，详细设计时不断地修正和完善，经过测试、反复调试和验证，最终形成达到用户设计要求的可行系统。

[关键词] 留言板　ADO　数据源　连接　数据库

图 1.139　论文摘要和其中的关键词效果

1.3.7　使用批注和修订

"审阅"选项卡中包括拼写检查、文档校对、中文简繁转换、批注、修订、比较和文档保护等选项,主要用于对 WPS 文档进行校对和修订等操作,适用于多人协作处理 WPS 长文档。

这里,我们重点学习修订和批注的使用。修订用于对标注文档进行各种更改。如果要向文档添加注释、建议或疑问,但不想更改实际内容,则可以加入批注。

对文档添加修订与批注的操作步骤如下:

(1)打开需要添加修订与批注的文档,在"审阅"选项卡中单击"修订"按钮图,此时文档处于修订状态。

(2)单击"修订"下拉按钮,在弹出的下拉列表中选择"修订选项"命令,弹出"选项"对话框,可以根据实际需要在该对话框中进行修订设置,如设置修订的格式等,如图 1.140 所示。

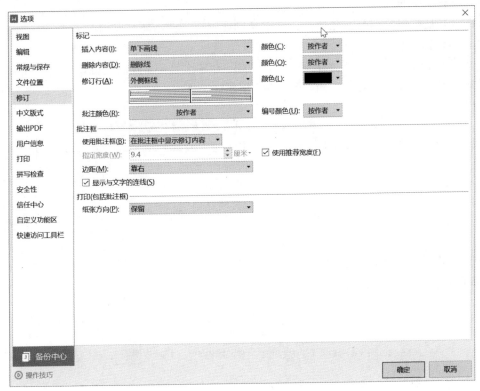

图 1.140　设置修订的格式

(3)进行文档修订。如果插入文字,则在插入的文字下方出现下画线;如果删除文字,则被删除文字处会出现连至页面右侧的虚线,并显示删除操作的细节,如图 1.141 所示。

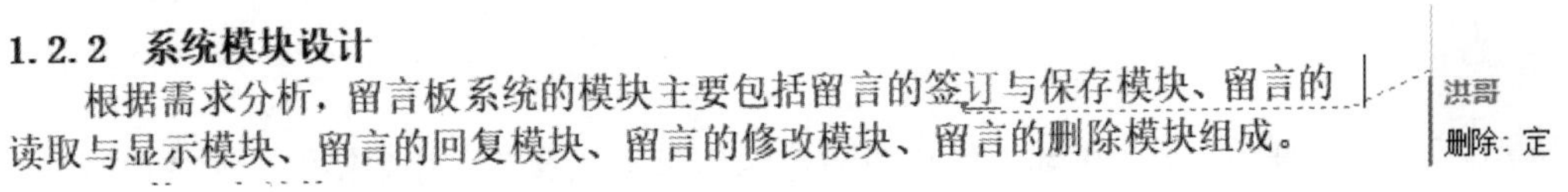

1.2.2　系统模块设计

　　根据需求分析,留言板系统的模块主要包括留言的签订与保存模块、留言的读取与显示模块、留言的回复模块、留言的修改模块、留言的删除模块组成。

洪哥

删除: 定

图 1.141　修订文档

（4）对于每个修订的部分，用户可以根据需要单击"接受"或"拒绝"按钮。单击"接受"按钮可按照修订内容修改，单击"拒绝"按钮文本会恢复原样。

（5）对文档内容如果有某些建议，则可以用插入批注的方式予以说明，如图 1.142 所示。

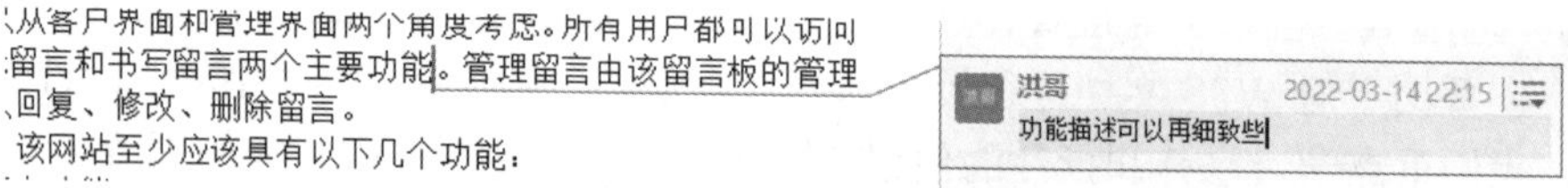

图 1.142　插入批注

1.3.8　邮件合并

成绩单是记录学生一个学期以来各门课程成绩的，能反映学生对知识掌握的程度，具有一定的私密性，现在提倡保护个人隐私，所以成绩都是单独派发的。下面介绍如何通过邮件合并功能来完成成绩单的制作。

邮件合并是指将数据与文档合并，并批量创建制式文档，然后发送给多人。

1．编辑主文档

主文档就是每个收件人都会看到的制式文档，在主文档中，我们先将要寄送的成绩单排好版。在本任务中，成绩单的主文档如图 1.143 所示。

2018 年下学期信息技术系 18 计应 3 班期末考试成绩通知单					
学号	高等数学	计算机组装与维护	大学英语	思想与政治	C#程序设计

图 1.143　成绩单的主文档

2．打开数据源

单击"引用"选项卡中的"邮件"按钮，如图 1.144 所示，打开"邮件合并"选项卡，如图 1.145 所示。

图 1.144　单击"邮件"按钮

图 1.145　"邮件合并"选项卡

单击"打开数据源"下拉按钮，在弹出的下拉列表中选择"打开数据源"命令，如图 1.146 所示，弹出"选取数据源"对话框。在该对话框中选择"WPS 素材"→"成绩表.xls"作为数据源，如图 1.147 所示，单击"打开"按钮，弹出"选择表格"对话框。在该对话框中一般选择默认的"Sheet1$"，单击"确定"按钮即可，如图 1.148 所示。

图 1.146　选择"打开数据源"命令

图 1.147　"选取数据源"对话框

图 1.148　"选择表格"对话框

3. 插入合并域

插入合并域是指在主文档的相应位置插入收件人列表中的域。

将插入点定位到学号下方的单元格中，单击"插入合并域"按钮，弹出"插入域"对话框，选择对应的"学号"域，单击"插入"按钮即可，如图 1.149 所示。然后在各项成绩单元格中逐一插入对应的域。插入域后主文档的效果如图 1.150 所示。

图 1.149 "插入域"对话框

2018 年下学期信息技术系 18 计应 3 班期末考试成绩通知单					
学号	高等数学	计算机组装与维护	大学英语	思想与政治	C#程序设计
《学号》	《高等数学》	《计算机组装与维护》	《大学英语》	《思想与政治》	《C#程序设计》

图 1.150 插入域后主文档的效果

4. 合并到新文档

在"邮件合并"选项卡中单击"查看合并数据"按钮 ⟨ab⟩，查看合并结果是否正确，也可通过导航按钮 |◁ ← 1 → ▷| 来查看合并结果，如图 1.151 所示。

2018 年下学期信息技术系 18 计应 3 班期末考试成绩通知单					
学号	高等数学	计算机组装与维护	大学英语	思想与政治	C#程序设计
1801001	88	79	98	89	95

图 1.151 合并结果

单击"合并到新文档"按钮，弹出"合并到新文档"对话框，选中"全部"单选按钮，如图 1.152 所示，即可完成整个邮件合并操作，生成的文字文稿如图 1.153 所示，这也是我们通过邮件合并操作后得到的结果。在本任务中，我们将其另存为"18 计应 3 班期末考试成绩通知单"，就完成了本任务的所有操作。

图 1.152 "合并到新文档"对话框

2018 年下学期信息技术系 18 计应 3 班期末考试成绩通知单

学号	高等数学	计算机组装与维护	大学英语	思想与政治	C#程序设计
1801001	88	79	98	89	95

2018 年下学期信息技术系 18 计应 3 班期末考试成绩通知单

学号	高等数学	计算机组装与维护	大学英语	思想与政治	C#程序设计
1801002	90	76	95	83	93

2018 年下学期信息技术系 18 计应 3 班期末考试成绩通知单

学号	高等数学	计算机组装与维护	大学英语	思想与政治	C#程序设计
1801003	92	89	96	86	92

2018 年下学期信息技术系 18 计应 3 班期末考试成绩通知单

学号	高等数学	计算机组装与维护	大学英语	思想与政治	C#程序设计
1801004	95	85	93	85	94

2018 年下学期信息技术系 18 计应 3 班期末考试成绩通知单

学号	高等数学	计算机组装与维护	大学英语	思想与政治	C#程序设计
1801005	96	84	94	84	96

2018 年下学期信息技术系 18 计应 3 班期末考试成绩通知单

学号	高等数学	计算机组装与维护	大学英语	思想与政治	C#程序设计
1801006	87	82	85	87	91

图 1.153 完成邮件合并后生成的文字文稿

1.3.9 批量生成照片的邮件合并

我们已经掌握邮件合并的基本操作步骤，除了常规的邮件合并操作，还有"照片"的插入操作，这是本任务中我们要学习的关键操作。

1. **编辑主文档**

打开"WPS 素材\学生证图片邮件合并\学生证主文档.docx"，通过基本的编辑后，该文档如图 1.154 所示。

2. **打开数据源**

打开"WPS 素材\学生证图片邮件合并\数据源.xls"数据源，如图 1.155 所示。

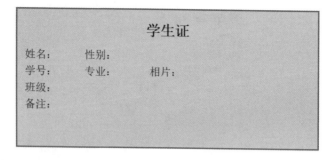

图 1.154　学生证主文档

图 1.155　打开数据源

3. 插入合并域

（1）在主文档的相应位置插入对应的域，如图 1.156 所示。

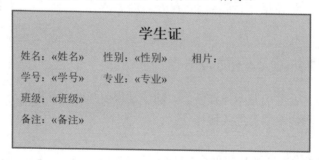

图 1.156　插入对应的域

（2）插入图片域。

① 在"插入"选项卡中单击"文档部件"按钮，在弹出的下拉列表中选择"域"命令，

如图 1.157 所示，弹出"域"对话框，选择域名为"插入图片"，如图 1.158 所示。

　　② 在该对话框的"域代码"文本框中输入图片文件的位置信息，如"TURE E:\\WPS 素材\\学生证图片邮件合并\\相片\\1.jpg"，如图 1.159 所示，需要注意的是，文件路径要使用双斜杠。在主文档中插入图片后的效果如图 1.160 所示。

　　③ 选中图片，按"Alt+F9"组合键进入域代码显示模式，如图 1.161 所示，选中图片名称"1.jpg"，单击"插入合并域"按钮，在弹出的"插入域"对话框中，选择"相片"，然后单击"插入"按钮，如图 1.162 所示。再按"Alt+F9"组合键退出域代码显示模式。

图 1.157　选择"域"命令

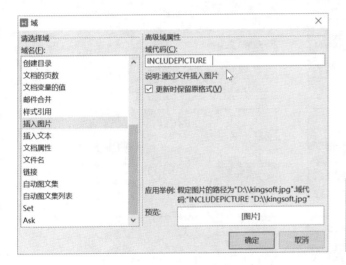

图 1.158　"域"对话框

图 1.159　输入图片文件的位置信息

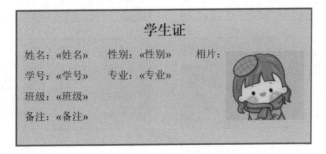

图 1.160　插入图片后的效果

4. 合并到新文档

选中全部内容，单击"合并到新文档"按钮，得到邮件合并后的文档，如图 1.163 所示。

选中全部内容，按 F9 键刷新，调整图片大小，即可得到带图片的邮件合并后的文档，如图 1.164 所示。

图 1.161　进入域代码显示模式　　　　图 1.162　"插入域"对话框

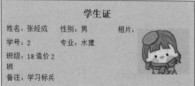

图 1.163　邮件合并后的文档　　　　　图 1.164　带图片的邮件合并后的文档

任务实施

本任务的关键操作步骤如下：

（1）进行基本的页面设置。

① 在"页面设置"对话框选择"页边距"选项卡，设置上边距：2.5 厘米；下边距：2 厘米；左边距：2.5 厘米；右边距：2 厘米；装订线宽：0.5 厘米。

② 切换到"版式"选项卡，设置页眉和页脚距边界的距离均为 1 厘米。

（2）参照样稿设置标题样式和级别。

① 新建样式："大章节标题"，设置为黑体、小三号、加粗、居中对齐，大纲级别 1 级。

② 新建样式："论文二级标题"，设置为宋体、四号、加粗，大纲级别 2 级。

③ 新建样式："论文三级标题"，设置为宋体、小四号、加粗，大纲级别 3 级。

④ 选中相应的章节标题，根据其层级选择相应的自建样式应用即可。

（3）参照样稿设置页眉和页脚。

① 在页眉位置双击，即可进入页眉编辑模式。从第三页目录页开始，在页眉右侧插入文字"毕业论文—留言板制作"。

② 激活页脚后，单击"插入页码"浮动按钮，在弹出的面板中选择将页码设置在其右侧。

（4）参照样稿生成论文目录。

① 自动生成目录，单击"引用"选项卡中的"目录"按钮，在弹出的下拉列表中选择"自动目录"。

② 手动生成目录，单击"引用"选项卡中的"目录"按钮，在弹出的下拉列表中选择"自定义目录"命令，弹出"目录"对话框，设置制表符前导符为"……"；显示级别为 3 级；显示页码且页码右对齐。

（5）使用批注。

对文档内容如果有一些建议，则可以用插入批注的方式予以说明。定位要进行修改的内容位置，单击"审阅"选项卡中的"插入批注"按钮，输入要修改的内容或建议。

（6）添加论文摘要和封面。

论文的摘要和封面都有固定的格式要求，参照 1.3.6 节中的具体要求设置论文摘要和封面。

任务小结

使用 WPS 做毕业论文的目录和页码，是大学生制作毕业论文常见的工作。我们通过毕业论文排版来介绍一般毕业论文的封面、摘要、目录和正文等的制作和排版，另外，通过批量生成学生证照片等拓展邮件合并操作在实际中的应用。

项目拓展练习

练习 1. 对《满江红》文字段落排版，《满江红》样稿如图 1.165 所示。操作要求如下：

（1）将第一段文字设置为黑体、小二号、加粗，加字符边框，文字底纹设置为绿色。

（2）将第二段文字设置为楷体、四号，字符放大 150%，添加波浪下画线。

（3）将第三段文字设置为隶书、三号。

图 1.165 《满江红》样稿

（4）将第四段文字设置为宋体、小四号。

（5）将四段文字都设置为左右缩进 2.5 厘米，第一段文字左对齐；第二段文字居中对齐，段间距设置为段前段后各 1 行；第三段文字行距设置为 1.5 倍行距，段间距设置为段后 1 行，首字下沉 2 行；第四段文字设置为右对齐。

练习 2. 对"迷人的九寨"进行图文混排，《迷人的九寨》样稿如图 1.166 所示（湖南省职业院校职业能力考试真题）。

图 1.166 "迷人的九寨"样稿

打开“迷人的九寨”原稿，按以下要求进行排版。

（1）插入艺术字标题“迷人的九寨”。

① 艺术字样式：填充-深灰绿，着色 3，粗糙；

② 设置文字方向为纵向，文本填充颜色：中海洋绿，中色绿渐变；

③ 文本字体：黑体，字号：36。

（2）将第一段文字左缩进 8 字符，“九寨沟”设置为隶书、三号、加粗。

（3）将第二段文字用横排文本框框住，第三段文字用竖排文本框框住。

（4）插入素材包中的两张图片“w_jgz1.jpg”和“w_jgz2.jpg”，设置为四周型环绕方式，并按照样稿调整其位置和大小。

练习 3. 按照以下要求完成图文混排。

打开“鸟类的飞行”原稿，按照以下要求进行设置，完成后的样稿如图 1.167 所示。

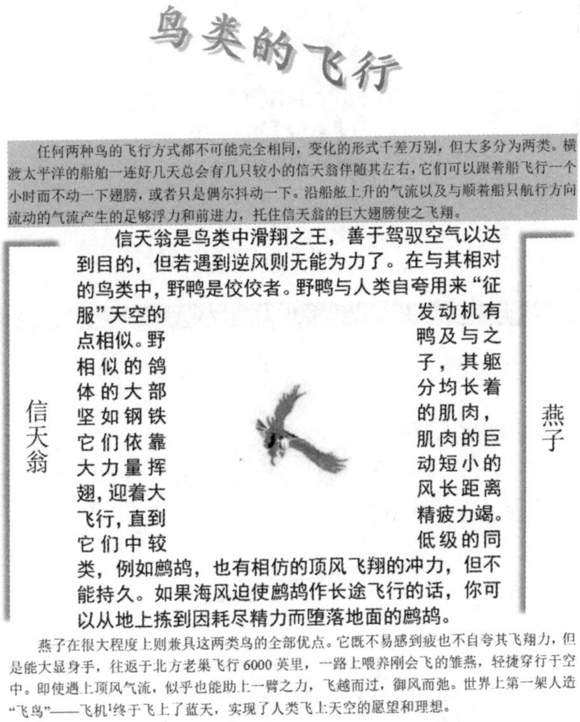
鸟类的飞行

任何两种鸟的飞行方式都不可能完全相同，变化的形式千差万别，但大多分为两类。横渡太平洋的船舶一连好几天总会有几只较小的信天翁伴随其左右，它们可以跟着船飞行一个小时而不动一下翅膀，或者只是偶尔抖动一下。沿船舷上升的气流以及与顺着船只航行方向流动的气流产生的足够浮力和前进力，托住信天翁的巨大翅膀使之飞翔。

信天翁

燕子

信天翁是鸟类中滑翔之王，善于驾驭空气以达到目的，但若遇到逆风则无能为力了。在与其相对的鸟类中，野鸭是佼佼者。野鸭与人类自夸用来“征服”天空的 发动机有
点相似。野 鸭及与之
相似的鸽 子，其躯
体的大部 分均长着
坚如钢铁 的肌肉，
它们依靠 肌肉的巨
大力量挥 动短小的
翅，迎着大 风长距离
飞行，直到 精疲力竭。
它们中较 低级的同
类，例如鹧鸪，也有相仿的顶风飞翔的冲力，但不能持久。如果海风迫使鹧鸪作长途飞行的话，你可以从地上拣到因耗尽精力而堕落地面的鹧鸪。

燕子在很大程度上则兼具这两类鸟的全部优点。它既不易感到疲也不自夸其飞翔力，但是能大显身手，往返于北方老巢飞行 6000 英里，一路上喂养刚会飞的雏燕，轻捷穿行于空中。即使遇上顶风气流，似乎也能助上一臂之力，飞越而过，御风而弛。世界上第一架人造“飞鸟”——飞机[1]终于飞上了蓝天，实现了人类飞上天空的愿望和理想。

图 1.167　完成后的“鸟类的飞行”样稿

（1）制作艺术字“鸟类的飞行”的样式为第三行第五类并居中，将艺术字的文字环绕方式设置为“上下型”，并适当调整正文与艺术字的位置。

（2）将第一段文字的底纹设置为白色，背景 1，深色 15%，首行缩进 2 字符。将第二段文字设置为黑体、四号。

（3）将一张图片（ying.jpg）插入正文第二段中，图片环绕方式为四周型环绕，图片的旋转度为 45 度，并距正文上下各为 0.5 厘米，左右各为 1 厘米。

（4）在第二段文字中插入两个竖排的文本框，并设置文本框的环绕方式为四周型环绕。在文本框中分别输入文字“信天翁”“燕子”，文字字号设置为小二号，一个左边一个右边，然后

去掉文本框中的线条，并设置其阴影样式为 9。

（5）在文章的最左端添加页眉——动物世界，页脚最右端添加页码，为第三页设置页眉——植物世界。

（6）在最后一段文字中给"飞机"添加脚注"发明时间为：1903 年 12 月 17 日"。

练习 4. 按照以下要求进行图形组合操作（湖南省职业院校职业能力考试真题）。

（1）制作宣传画，其样图如图 1.168 所示。

① 插入图片"上海世博宣传画.jpg"。

② 插入的形状为"前凸带形"，将形状中添加的文字设置为隶书、三号、加粗。

③ 将图片和形状组合后放置到一个插入的文本框中。

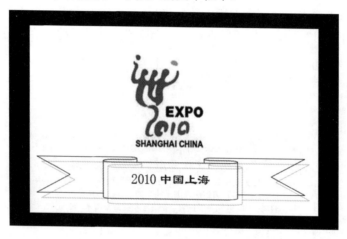

图 1.168　宣传画样图

（2）制作灯笼，其样图如图 1.169 所示。

用到的形状包括直线、矩形、椭圆（按住 Shift 键画）曲线，另外，还需插入艺术字。完成后注意将多个图形对象组合成一个整体。

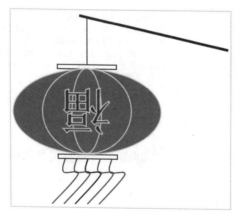

图 1.169　灯笼样图

练习 5. 制作简单目录

打开习题库中的"简单目录制作练习.docx"，按照以下操作步骤完成目录的制作。

（1）打开"大纲"视图。

（2）设置各章节标题的大纲级别（本练习选定 16 个题目名称，设置大纲级别为 1 级）。

（3）在"引用"选项卡中单击"目录"按钮，在弹出的下拉列表中选择"自动目录"。制作的简单目录如图 1.170 所示。

目录

一、 请制作以下表格 1
二、 请制作以下 Word 文件，文字和图片源文件在考试文件夹中 1
三、 请在 Word 中制作如下表格，要求与样图一模一样 1
四、 请在 Word 文档中输入以下文字 2
五、 请制作如样图所示的表格 2
六、 请制作以下文档，要求与样图一模一样 3
七、 请完成如样图所示的基本格式设置 3
八、 请输入并设置如下图所示的项目符号与编号 4
九、 打开附件文件夹中的"会议记录.docx"文件 4
十、 设置文件属性 4
十一、 请制作如下图所示的表格 5
十二、 请完成如下图所示的图文混排 5
十三、 打开附件文件夹中的"3.docx"文件 5
十四、 邮件合并 5
十五、 请制作如下图所示的图片文件 6
十六、 目录的制作过程 6

图 1.170　简单目录

练习 6. 打开习题库中的"长文档目录制作.docx"，按照以下要求完成目录的制作（湖南省职业院校职业能力考试真题）。

（1）在文档的最前面插入分隔符，分节符选择"下一页分节符"，将鼠标光标置于文档的第 2 页内，插入页码，起始页码为 1。

（2）将文档中如图 1.171 所示的一级目录文字应用标题 1 样式，二级目录文字应用标题 2 样式，三级目录文字应用标题 3 样式。

（3）在文档的首部插入如图 1.171 所示的目录，显示页码且页码右对齐，显示级别为 3 级，设置制表符前导符为"……"。

目录

第 10 章 Excel 2010 的新特性 1
  10.1　Excel 2010 的新界面 1
  10.2　Excel 2010 的新增功能 1
    10.2.1　导入数据 2
    10.2.2　公式和函数 2
    10.2.3　设置工作簿和工作表的格式 3
    10.2.4　其他新增功能 4

图 1.171　长文档目录

练习 7. 图文混排，打开 WPS 素材下的"高椅村.docx"文件，完成以下操作（湖南省职业院校职业能力考试真题）。

（1）插入艺术字标题"江南第一村明清古建筑高椅村"；艺术字样式：渐变填充，钢蓝，着色 1，阴影；字体：黑体、32 号。

（2）将考生文件夹下的图片"w_gygc.jpg"插入正文第一段和第二段之间，并做如下设置，缩放：高度 60%，锁定纵横比；环绕方式：上下型；阴影：外部右下斜偏移。

完成以上操作后，以原文件名保存，完成后的样稿如图 1.172 所示。

江南第一村明清古建筑高椅村

高椅村位于湖南省会同县，沅水上游雪峰山脉的南麓，近贵州省。杜甫《咏怀古迹》中有一联："三峡楼台淹日月，五溪衣服共云山。"句中"五溪"之一的雄溪，即现在的巫水，就在高椅的东面。高椅这个名字听起来蛮特殊的，一问才知这里原名渡轮田，显然古代是一个渡口。后来，因村寨三面环山，一面依水，宛如一把太师椅，把村子拥抱，于是更名为高椅村。村里 85%以上的人都姓杨，据说是南宋诰封威远侯杨思远的后裔，都是侗族。

站在村子的中心，你会发现，整个建筑群落与周遭的山水、园林地理分布奇巧自然，想想当时古人在此建造自己的房屋时，是很注意村中布局的整体和谐，珍护着一方风水。高椅村周边自然风光也很棒，走出古村，还可以游览鹰嘴界自然保护区，绝壁溶洞，小溪飞瀑，有湖南小张家界之称。靠近会同县城还有粟裕故居，也是当地一个景点。

2006 年 05 月 25 日，高椅村古建筑群作为明至清时期古建筑，被国务院批准列入第六批全国重点文物保护单位名单。

图 1.172　完成后的"高椅村"样稿

练习 8. 图文混排，打开 WPS 素材下的"岳麓山.docx"文件，完成以下操作（湖南省职业院校职业能力考试真题）。

（1）将考生文件夹下的图片"w_yls.jpg"插入样稿所示的位置，并将其环绕方式设置为四周型环绕；大小设置为：高度 5 厘米，锁定纵横比。

（2）在样稿所示位置插入"形状/星与旗帜"中的"双波形"。

（3）在旗帜图形中添加文字"岳麓山景区"。

完成以上操作后，以原文件名保存，完成后的样稿如图 1.173 所示。

练习 9. 新建空白文稿，参照如图 1.174 所示的样表制作报名表。将单元格对齐方式设置为水平居中对齐（湖南省职业院校职业能力考试真题）。

湖南岳麓山名盛风景区

岳麓山风景名胜区系国家级重点风景名胜区。位于古城长沙湘江两岸，由丘陵低山、江、河、湖泊、自然动植物以及文化古迹、近代名人墓葬、革命纪念遗址等组成，为城市山岳型风景名胜区。已开放的景区有麓山景区、橘子洲头景区。其中麓山景区系核心景区，景区内有岳麓书院、爱晚亭、麓山寺、云麓宫、新民主学会等景点。规划开放的景区有天马山、桃花岭、石佳岭及土城头等景点，总面积达 36 平方公里。岳麓山风景名胜区南接衡岳，北望洞庭，西临茫茫原野，东瞰滔滔湘流，玉屏、天马、凤凰、橘洲横秀于前，桃花、绿蛾竞翠与后，金盆、金牛、云母、圭峰拱持左右，静如龙蛇逶迤，动如骏马奋蹄，凌空俯视如一微缩盆景，远观如一天然屏壁。可谓天工造物，人间奇景，长沙之大观。

岳麓山景区

图 1.173　完成后的"岳麓山"样稿

表一　全国计算机应用能力考试报名登记表

姓名	张英俊	性别		男		相片
身份证号						
学历	大专	职务		主任		
电话						
单位名称						
序号	科目代码	科目名称		考试日期	考试场次	
1	101	计算机基础		2014-6-2	3	

图 1.174　报名表样表

练习 10. 打开 WPS 素材中的"新生录取通知书_主文档.docx"，将"新生录取信息表.xls"作为数据源，通过邮件合并操作生成"新生录取通知书 A.docx"，其样稿如图 1.175 所示（湖南省职业院校职业能力考试真题）。

新生录取通知书

程琳同学：

你已被我院 信息技术系 计算机应用专业正式录取，报名时请带上你的准考证和学费 4500 元，务必在 8 月 25 日前到校报道！

江南职业技术学院招生办 2021-8-15

新生录取通知书

戴媛媛同学：

你已被我院 经济贸易系 电子商务专业正式录取，报名时请带上你的准考证和学费 4200 元，务必在 8 月 25 日前到校报道！

江南职业技术学院招生办 2021-8-15

新生录取通知书

邓宽同学：

你已被我院 财会与管理系 财会专业正式录取，报名时请带上你的准考证和学费 4000 元，务必在 8 月 25 日前到校报道！

江南职业技术学院招生办 2021-8-15

新生录取通知书

董良杰同学：

你已被我院 人文旅游系 文秘专业正式录取，报名时请带上你的准考证和学费 4000 元，务必在 8 月 25 日前到校报道！

江南职业技术学院招生办 2021-8-15

图 1.175　"新生录取通知书 A"样稿

练习 11. 打开 WPS 素材\扶贫信息卡邮件合并\中的"2018 年宁水乡贫困户主信息卡.docx"，以"贫困户主信息表.xlsx"为数据源，以 WPS 素材\扶贫信息卡邮件合并\相片\中的图片为素材，生成带有图片的"扶贫信息卡.docx"，其效果图如图 1.176 所示。

图 1.176 "扶贫信息卡"效果图

项目2

电子表格处理

本项目以各种电子表格的制作和计算统计为例来介绍电子表格数据处理操作方法。WPS 2019 是一个包含电子表格的软件，可以用来制作电子表格，完成许多复杂的数据运算，进行数据的分析和统计预测，并具有强大的图表可视化功能，使用户能轻松胜任工程财务与人事方面的工作。

电子表格处理是信息化办公的重要组成部分，在数据分析和处理中发挥着重要的作用，广泛应用于财务、管理、统计、金融等领域。电子表格处理包含工作表和工作簿操作、公式和函数的使用、图表分析展示数据、数据处理等内容。

知识目标

- 了解电子表格的应用场景，熟悉相关工具的功能和操作界面。
- 掌握新建、保存、打开和关闭工作簿，切换、插入、删除、重命名、移动、复制、冻结、显示及隐藏工作表等操作步骤。
- 掌握单元格、行和列的相关操作步骤，掌握使用控制句柄、设置数据有效性和设置单元格格式的方法。
- 掌握各种数据类型的输入，如快速输入特殊数据、使用自定义序列填充单元格、快速填充和导入数据，掌握设置格式刷、边框、对齐等常用格式的方法。
- 掌握工作簿的保护、撤销保护和共享，以及工作表的保护、撤销保护的方法，工作表的背景、样式、主题的设定。
- 理解单元格绝对地址、相对地址的概念和区别，掌握相对引用、绝对引用、混合引用及工作表外单元格的引用方法。
- 熟悉公式和函数的使用方法，掌握平均值、最大值/最小值、求和、计数等常见函数的使用方法。
- 了解常见的图表类型及电子表格处理工具提供的图表类型，掌握利用表格数据制作常用图表的方法；
- 掌握自动筛选、自定义筛选、高级筛选、排序和分类汇总等操作步骤。
- 掌握数据透视表的创建、更新数据、添加和删除字段、查看具体电子表格数据等操作步骤，能利用数据透视表创建数据透视图，掌握常见图表的应用。
- 掌握页面布局、打印预览和打印操作的相关设置。

能力目标

能够熟练使用 WPS 软件来制作各类表格的数据以及进行格式化，具备计算工程类、财务类统计表格的能力，具备对工程类、财务类统计表格进行数据分析的能力。

工作场景

● 日常办公中常规表格、各类花名册表格的输入和编辑。
● 工程类、电力类、财经类统计表格的计算以及表格数据的分析。

任务 1 "××省水电工程投标评审标准表"的制作

任务提出

通过 WPS 表格制作评审表是日常评审工作中常见的工作，通过制作"××省水电工程投标评审标准表"，让学生掌握日常电子表格的输入与排版。

任务要求及分析

本任务的效果图如图 2.1 所示。

××省水电工程投标评审标准表

项目名称：××水利水电工程施工

项目编号：2010DCXJG-51-3G

序号	查数号	评率因素	评审标准	评审结果	申请人						
					湖南永宇建设工程有限公司	湖南黄辉建设集团	湖南省宁园建设总公司	常德空水工程建设有限责任公司	岳阳市惠安水利水电公司	湖南程威建设集团	湖南文涛水利水电建设公司
1		投标人名称	与营业执照、投标书、安全生产许可证一致	优秀	优秀	良好	不合格	不合格	不合格	良好	良好
				良好							
2		盖章签字	符合第二章第3.7.3项规定	优秀	良好	良好	优秀	优秀	优秀	良好	良好
				良好							
3	2.1.1	投标文件格式	符合第八章"换标文件格式"的要求	优秀	良好	良好	优秀	优秀	优秀	良好	良好
				良好							
4		投价唯一	只能有一个有效报价	优秀	良好	良好	优秀	优秀	优秀	良好	良好
				良好							
5		投标文件的正本,副本数	符合第二章第3.7.4项规定	优秀	良好	良好	良好	良好	良好	优秀	良好
				良好							
6		投标文件装订需求	符合第二章"换拍人须知"第3.7.5项规定	优秀	良好	良好	良好	优秀	优秀	良好	优秀
				良好							
		评审评价									

评审签字：

图 2.1 ××省水电工程投标评审标准表

1. 任务要求

（1）新建 WPS 空白表格文档，在工作表中重命名工作簿，名称为"××省水电工程投标评审标准表.xlsx"，将 Sheet1 工作表重命名为"评审标准表"。

（2）按照图 2.1 输入相关文字，并对文字进行排版。

（3）设置表格边框线为如图 2.1 所示的外粗内细的样式。

（4）设置如图 2.1 所示的粉红色底纹。

（5）设置版面为横向打印模式，调节表格为适当的列宽和行高，并将所有文字显示在打印预览的一页中。

2. 任务分析

评审表的制作在工程评审中是非常常见的工作，因此，需要掌握以下技能：

（1）创建一个 WPS 工作簿，输入文本和数据。

（2）对输入的文本和数据进行格式设置。

（3）对表格的边框线和底纹进行设置，对表格进行美化设置。

（4）进行排版和页面设置，然后将评审表打印输出。

➲ **相关知识点**

2.1.1　WPS 工作簿的基本操作

启动 WPS 时，系统会自动打开一个新的 WPS 文件，名称默认为"工作簿 1"。打开 WPS 文件后，用户可以进行保存、移动及隐藏工作簿等操作。

1. 创建工作簿

使用 WPS 工作之前，先要创建一个工作簿。根据创建工作簿的类型不同可以分为三种方法，即创建空白工作簿、基于现有工作簿创建工作簿和使用模板快速创建工作簿。

创建空白工作簿是经常使用的一种创建工作簿的方法，可以采用以下方法来创建空白工作簿。

方法一：启动 WPS 软件后，选择"文件"菜单中的"新建"命令，弹出如图 2.2 所示的窗口，单击"新建空白表格"。

图 2.2　新建表格

方法二：使用快捷键"Ctrl+N"即可新建一个空白工作簿。

方法三：在桌面空白处右击，在弹出的快捷菜单中选择"新建"→"XLS 工作表"，即可新建一个 WPS 工作表，如图 2.3 所示。

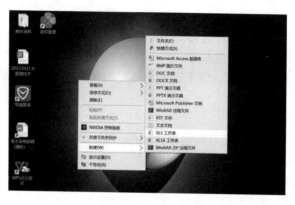

图 2.3　新建 WPS 工作表

2. 保存工作簿

在使用工作簿的过程中，要及时对工作簿进行保存操作，以免因出现电源故障或发生系统崩溃等突发事件而造成数据丢失。保存工作簿的具体操作步骤如下：

（1）选择"文件"菜单中的"保存"命令，如图 2.4 所示，或单击快速访问工具栏中的"保存"按钮 ，或按"Ctrl+S"组合键。

图 2.4　选择"保存"命令

（2）弹出"另存文件"对话框，在"文件名"文本框中输入文件的名称，如"保存举例"，如图 2.5 所示；然后在"位置"下拉列表中选择文件的保存位置，如图 2.6 所示，单击"保存"按钮，即可保存该工作簿。

（3）保存后返回 WPS 编辑窗口，在标题栏中会显示保存后的工作簿名称。

图 2.5　"另存文件"对话框（1）

图 2.6　"另存文件"对话框（2）

提示：如果不是第一次保存工作簿，只是对工作簿进行了修改和编辑，则单击"保存"按钮后，不会弹出"另存文件"对话框。

还可以将保存后的工作簿以其他文件名进行保存，即另存为工作簿。具体的操作步骤如下：

① 在工作簿窗口的"文件"菜单中选择"另存为"命令，弹出"另存为"对话框。

② 选择合适的保存位置后，在"文件名"文本框中输入文件名，然后单击"保存"按钮即可。

3. 打开和关闭工作簿

在实际工作中，常常会打开已有的工作簿，然后对其进行修改、查看等操作。

1）打开工作簿

打开工作簿的常用方法有以下四种。

方法一：找到文件在资源管理器中的位置，在 WPS 工作簿文件上双击，即可打开该工作簿文件。

方法二：启动 WPS 软件，在"文件"菜单中选择"打开"命令，在弹出的"打开"对话框中找到文件所在的位置，然后双击文件即可打开已有的工作簿。

方法三：单击快速访问工具栏中的"打开"按钮。

方法四：使用快捷键"Ctrl+O"。

2）关闭工作簿

退出 WPS 与退出其他应用程序一样，通常有以下四种方法。

方法一：单击 WPS 窗口右上角的"关闭"按钮。

需要注意的是，在 WPS 窗口的右上角有两个 按钮，如果单击下面的 按钮，则只关闭当前文档，不退出 WPS 程序；如果单击上面的 按钮，则退出整个 WPS 程序。

方法二：在 WPS 窗口左上角单击"文件"按钮，在弹出的菜单中选择"关闭"命令。

方法三：在 WPS 窗口左上角单击 图标，在弹出的菜单中选择"关闭"命令，如图 2.7 所示，或双击 图标。

方法四：使用快捷键"Alt+F4"。

图 2.7　关闭工作簿

4．工作簿的移动和复制

移动是指工作簿从一个位置移到另一个位置，它不会产生新的工作簿；复制会产生一个和原工作簿内容相同的新工作簿。

1）工作簿的移动

（1）选择要移动的工作簿文件，如果要移动多个工作簿文件，则在按住 Ctrl 键的同时单击要移动的工作簿文件。按"Ctrl+X"组合键对选择的工作簿文件进行剪切，可自动将选择的工作簿文件复制到剪贴板中。如图 2.8 所示，在"文件夹 1"中选择"成绩表计算.xlsx"文件后，按"Ctrl+X"组合键剪切该文件。

（2）打开要移动到的目标文件夹，按"Ctrl+V"组合键，可自动将剪贴板中的工作簿文件复制到当前的文件夹中，完成工作簿的移动操作。如图 2.9 所示，按"Ctrl+V"组合键将"成绩表计算.xlsx"粘贴到"文件夹 2"中，"文件夹 1"中的文件"成绩表计算.xlsx"被移走。

2）工作簿的复制

（1）选择要复制的工作簿文件，如果要复制多个，则在按住 Ctrl 键的同时单击要复制的工作簿文件。如图 2.10 所示，在"文件夹 1"中选择"成绩表计算.xlsx"文件后，按"Ctrl+C"组合键复制选择的工作簿文件。

（2）打开要复制到的目标文件夹，按"Ctrl+V"组合键，即可完成对工作簿文件的复制操作。如图 2.11 所示，"成绩表计算.xlsx"文件被复制到"文件夹 2"中，"文件夹 1"中仍然保留"成绩表计算.xlsx"文件。

图 2.8　使用快捷键"Ctrl+X"剪切文件

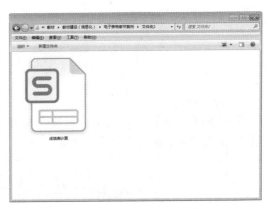

图 2.9　使用快捷键"Ctrl+V"粘贴文件

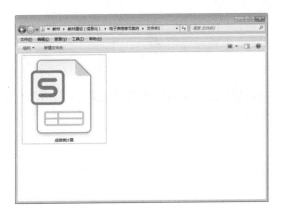

图 2.10　使用快捷键"Ctrl+ C"复制文件

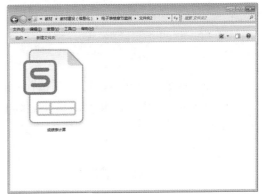

图 2.11　文件被复制到"文件夹 2"中

2.1.2　WPS 工作表的基本操作

WPS 创建新的工作簿时，默认包含 1 个名称为 Sheet1 的工作表，下面介绍工作表的基本操作。

1. 工作表的创建

如果编辑 WPS 表格时需要使用更多的工作表，则可插入新的工作表。在每个 WPS 工作簿中最多可以创建 255 个工作表，但在实际操作中，插入的工作表的数目受所使用的计算机内存的限制。插入工作表的具体操作步骤如下：

在左下角单击 Sheet1 工作表标签右侧的 + 按钮，即可在当前工作表的右侧插入工作表 Sheet2，如图 2.12 所示。

2. 选择单个或多个工作表

对 WPS 表格进行各种操作之前，首先要选择工作表。每个工作簿中的工作表的默认名称是 Sheet1、Sheet2、Sheet3。在默认状态下，当前工作表为 Sheet1。

图 2.12　插入工作表 Sheet2

1）选择连续的工作表

按住 Shift 键依次单击第 1 个和最后 1 个要选择的工作表，即可选择连续的 WPS 工作表。如图 2.13 所示为连续选择 4 个工作表。

图 2.13　选择连续的工作表

2）选择不连续的工作表

要选择不连续的 WPS 表格，只需按住 Ctrl 键的同时选择相应的 WPS 表格即可。如图 2.14 所示为选择 Sheet1、Sheet2 和 Sheet4 不连续的工作表。

图 2.14　选择不连续的工作表

3．工作表的复制和移动

1）移动工作表

移动工作表的简单方法是使用鼠标操作，在同一个工作簿中移动工作表的方法有以下两种。

方法一：用鼠标直接拖动。用鼠标直接拖动是移动工作表时经常使用的一种比较快捷的方法。

选中要移动的工作表标签，按住鼠标左键并拖动，黑色倒三角形标志会随着鼠标指针移动，确认新位置后松开鼠标，工作表即可被移动到新的位置，如图 2.15 所示。

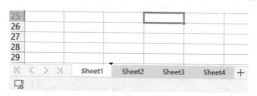

图 2.15　直接拖动工作表

方法二：使用快捷菜单。

（1）在要移动的工作表标签上右击，在弹出的快捷菜单中选择"移动或复制工作表"命令，如图2.16所示。

图2.16 选择"移动或复制工作表"命令

（2）在弹出的"移动或复制工作表"对话框中选择要插入的位置即可，如图2.17所示。

2）复制工作表

既要重复使用工作表数据又要使原始数据不被修改，可以复制多份工作表进行不同的操作。在一个或多个WPS工作簿中复制工作表的操作步骤如下：

（1）选中要复制的工作表，在工作表标签上右击，在弹出的快捷菜单中选择"移动或复制工作表"命令。

（2）在弹出的"移动或复制工作表"对话框中选择要复制的目标工作簿和插入的位置，勾选"建立副本"复选框。

（3）单击"确定"按钮，复制的工作表如图2.18所示。

图2.17 "移动或复制工作表"对话框

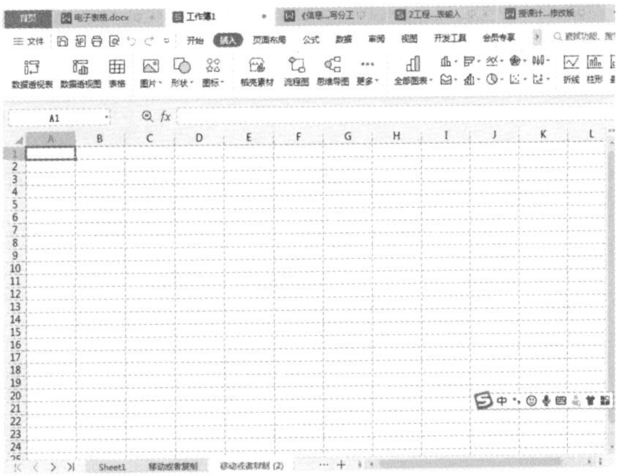

图2.18 复制的工作表

4. 删除工作表

可以将无用的工作表删除，以节省存储空间。删除工作表的方法有以下两种。

方法一：使用功能区删除工作表。

选中要删除的工作表，单击"开始"选项卡中的"工作表"按钮，在弹出的下拉列表中选择"删除工作表"命令即可，如图 2.19 所示。

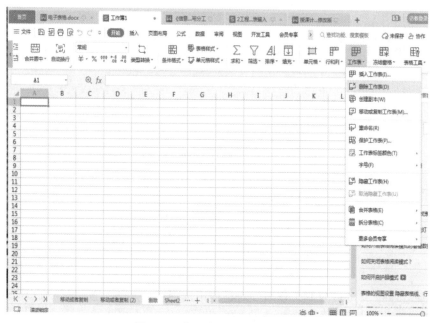

图 2.19　使用功能区删除工作表

方法二：使用命令删除工作表。

在要删除的工作表的标签上右击，在弹出的快捷菜单中选择"删除工作表"命令，即可将工作表删除，如图 2.20 所示。

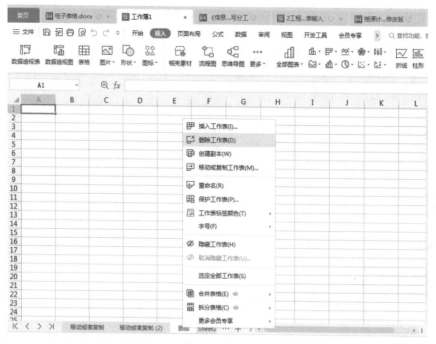

图 2.20　选择"删除工作表"命令

注意：删除工作表后，工作表将被永久删除，该操作要谨慎使用。

5. 改变工作表的名称

每个工作表都有自己的名称，在默认情况下，以 Sheet1、Sheet2、Sheet3…命名工作表。为便于理解和管理，可以对工作表进行重命名。

在工作表的标签上双击即可对工作表重命名，操作步骤如下：

（1）双击要重命名的工作表标签，如 Sheet1（此时该标签背景被填充为黑色），进入可编辑状态，如图 2.21 所示。

（2）输入新的标签名，即可完成对该工作表标签的重命名。

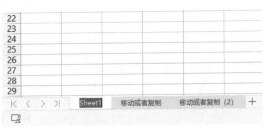

图 2.21　Sheet1 标签进入可编辑状态

2.1.3　单元格的基本操作

单元格是 WPS 工作表中编辑数据的基本元素，由列和行组成。单元格的列用字母表示，行用数字表示，如 B5 就是第 B 列和第 5 行交汇处的单元格。

1. 选择单元格

1）选择一个单元格

选择一个单元格的常用方法有以下三种。

方法一：用鼠标选择。用鼠标选择单元格是常用的快速方法，只需在单元格上单击即可选择该单元格。单元格被选择后，变为活动单元格，其边框以黑色粗线标识。

方法二：使用名称框。在名称框中输入目标单元格的地址，如"C2"，按 Enter 键即可选择第 C 列和第 2 行交汇处的单元格，如图 2.22 所示。

方法三：用方向键选择。选择单元格使用键盘上的上、下、左、右 4 个方向键，按 1 次方向键可选择相应方向的一个单元格。例如，默认选择的是 A1 单元格，按 1 次"→"键可选择 B1 单元格，再按 1 次"↓"键可选择 B2 单元格。

2）选择连续的单元格区域

在 WPS 工作表中，若要对多个连续单元格进行相同的操作，必须先选择这些单元格区域。选择单元格区域 B2:D7 的结果如图 2.23 所示。

单元格区域指工作表中的两个或多个单元格所形成的区域。区域中的单元格可以是相邻的，也可以是不相邻的。

选择连续的单元格区域有三种方法，下面以选择单元格区域 B2:D7 为例，介绍选择连续单元格区域的方法。

方法一：鼠标拖动。鼠标拖动是选择连续单元格区域的常用方法。可以将鼠标指针移到该区域左上角的单元格 B2 上，按住鼠标左键不放，向该区域右下角的单元格 D7 拖动，即可将单元格区域 B2:D7 选中。

图 2.22　选择单元格 C2　　　　　　　　图 2.23　选择单元格区域 B2:D7

方法二：使用快捷键选择。单击该区域左上角的单元格 B2，在按住 Shift 键的同时单击该区域右下角的单元格 D7，即可选择单元格区域 B2:D7。

方法三：使用名称框。在名称框中输入单元格区域名称"B2:D7"，按 Enter 键即可选择单元格区域 B2:D7。

3）选择不连续的单元格区域

选择不连续的单元格区域，也就是选择不相邻的单元格或单元格区域的操作步骤如下：

（1）选择第 1 个单元格区域（如单元格区域 B2:C4），将鼠标指针移到该区域左上角的单元格 B2 上，按住鼠标左键不放拖动到该区域右下角的单元格 C4 后松开鼠标左键，如图 2.24 所示。

（2）按住 Ctrl 键不放，按照步骤（1）中的方法选择第 2 个单元格区域（如单元格区域 D6:F9），如图 2.25 所示。使用同样的方法可以选择多个不连续的单元格区域。

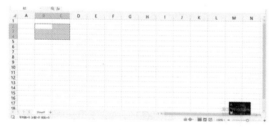

图 2.24　选择第 1 个单元格区域 B2:C4　　　图 2.25　选择第 2 个单元格区域 D6:F9

4）选择行或列

要对整行或整列单元格进行操作，必须先选择整行或整列单元格。

（1）选择一行。将鼠标指针移到要选择的行号上，当指针变成➡形状后单击，即可选择该行，如图 2.26 所示。

（2）选择连续的多行。选择连续的多行的方法有以下两种。

方法一：将鼠标指针移到起始行号上，当鼠标指针变成➡形状时，单击并向下拖动至终止行，然后松开鼠标即可，如图 2.27 所示。

方法二：单击连续行区域的第 1 行的行号，在按住 Shift 键的同时单击该区域的最后一行的行号即可。

（3）选择不连续的多行。如果选择不连续的多行，则按住 Ctrl 键，依次单击需要的行即可，如图 2.28 所示。

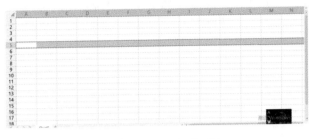
图 2.26　选择第 5 行单元格

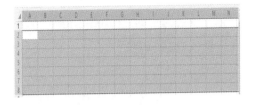
图 2.27　选择连续的行

（4）选择列。将鼠标指针移到要选择的列标上，当指针变成 ↓ 形状后单击，该列即可被选择，此时选择的是单列。如果选择多列，则其方法与上面选择多行的方法相似。如图 2.29 所示为选择 D 列。

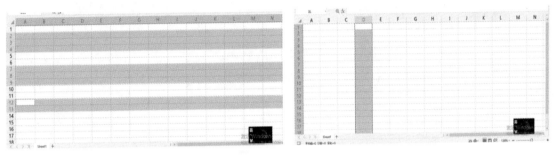

图 2.28　选择不连续的多行　　　　　　　　　　图 2.29　选择 D 列

（5）选择所有单元格。选择所有单元格就是选择整个工作表，有以下两种方法。

方法一：单击工作表左上角行号与列标相交处的"选定全部"按钮 ◢，即可选择整个工作表。

方法二：使用快捷键"Ctrl+A"可以选择整个工作表。

2. 单元格的合并与拆分

合并与拆分单元格是调整单元格的常用操作，用户可以根据需要合并或拆分单元格。

1）合并单元格

合并单元格是指在 WPS 工作表中，将两个或多个相邻的单元格合并成一个单元格。合并单元格之前必须选中要合并的所有相邻单元格。合并单元格的方法有以下两种。

方法一：通过"对齐方式"组中的相关按钮合并单元格，操作步骤如下：

（1）打开"素材\WPS 项目素材\考试成绩表.xlsx"文件，选择单元格区域 A1:F1，如图 2.30 所示。

（2）在"开始"选项卡中单击"对齐方式"组中的"合并后居中"按钮 ，该表格标题行即可合并且居中，如图 2.31 所示。

方法二：通过在"单元格格式"对话框中进行相关设置，合并单元格，操作步骤如下：

（1）按照上面步骤（1）的方法，打开素材并选择单元格区域 A1:F1，在"开始"选项卡中单击"对齐方式"组右下角的"对话框启动器"按钮 ，弹出"单元格格式"对话框，如图 2.32 所示。

（2）选择"对齐"选项卡，在"文本对齐方式"区域的"水平对齐"下拉列表中选择"居中"，在"文本控制"区域勾选"合并单元格"复选框，如图 2.33 所示，然后单击"确定"按钮。

图 2.30　选择单元格区域 A1:F1

图 2.31　合并且居中单元格 A1:F1

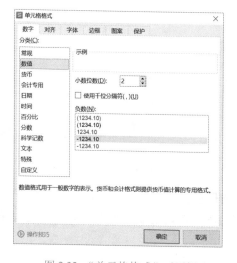

图 2.32　"单元格格式"对话框

图 2.33　设置单元格对齐方式

（3）设置完成后，返回工作表中，标题行已合并且居中。

提示：单元格合并后，将使用原始区域左上角的单元格地址来表示合并后的单元格地址。如上面合并后的单元格用 A1 来表示。

2）拆分单元格

在 WPS 工作表中，拆分单元格就是将一个单元格拆分成两个或多个单元格。拆分单元格的方法与合并单元格的方法类似，有以下两种（以上面合并后的"考试成绩表"为例，介绍拆分单元格的方法）方法。

方法一：通过"对齐方式"组中的相关按钮拆分单元格，操作步骤如下：

（1）选中合并后的单元格 A1，在"开始"选项卡中单击"对齐方式"组中的"合并居中"下拉按钮，在弹出的下拉列表中选择"取消合并单元格"命令，如图 2.34 所示。

（2）该表格标题行单元格被取消合并，恢复成合并前的单元格，如图 2.35 所示。

方法二：通过在"单元格格式"对话框中进行相关设置，拆分单元格，操作步骤如下：

（1）右击合并后的单元格，在弹出的快捷菜单中选择"设置单元格格式"命令，弹出"单元格格式"对话框，如图 2.36 所示。

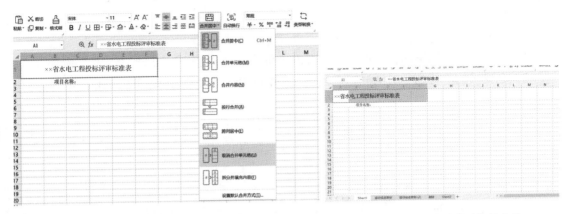

图 2.34　选择"取消合并单元格"命令　　　　图 2.35　取消对单元格的合并

（2）在"对齐"选项卡中撤销对"合并单元格"复选框的勾选，然后单击"确定"按钮，即可取消合并，如图 2.37 所示。

图 2.36　"单元格格式"对话框

图 2.37　拆分单元格

3．调整列宽和行高

在 WPS 工作表中，如果单元格的宽度不足以使数据完整显示，则数据在单元格里被填充成"######"的形式或者有些数据会用科学计算法来表示。列被加宽后，数据就会显示出来。WPS 能根据输入字体的大小自动调整行的高度，使其能容纳行中最大的字体。用户可以根据自己的需要来设置。

1）拖动列标之间的边框

将鼠标指针移到两列的列标之间，当指针变成 ✛ 形状时，按住鼠标左键向右拖动可使列变宽。拖动时将显示以点和像素为单位的宽度工具。用户也可以直接使用鼠标拖动来调整行高。

2）复制格式

如果要将某列的列宽调整为与其他列的宽度相同，可以使用复制格式的方法。例如，用户可以选择宽度合适的列（如 D 列），按"Ctrl+C"组合键进行复制操作。然后选择要调整的 B 列和 C 列并右击，在弹出的快捷菜单中选择"选择性粘贴"命令，弹出"选择性粘贴"对话框，如图 2.38 所示，选中"粘贴"区域下的"列宽"单选按钮，单击"确定"按钮即可。

3）通过对话框调整行高

调整列宽和行高可直接使用鼠标拖动，也可通过对话框来调整。

（1）选择要调整高度的行。在行号上右击，在弹出的快捷菜单中选择"行高"命令。

（2）在弹出的"行高"对话框的"行高"文本框中输入"25"，如图2.39所示。

图2.38 "选择性粘贴"对话框

图2.39 "行高"对话框

（3）单击"确定"按钮，返回工作表中，即可将所选择行的行高调整为25。

4. 插入行和列

在编辑工作表的过程中，插入行和列的操作是不可避免的。插入列的方法与插入行的相同，插入行时，插入的行在选择行的上面；插入列时，插入的列在选择列的左侧。下面以插入行为例进行介绍。

方法一：在指定行上右击，在弹出的快捷菜单中选择"插入"命令，并在其右侧输入"1"，如图2.40所示。

图2.40 插入新行

方法二：在"开始"选项卡中单击"行和列"按钮，在弹出的下拉列表中选择"插入单元格"→"插入行"命令，如图2.41所示。

5. 删除行和列

工作表中如果不需要某数据行或列，可以将其删除。先选择要删除的行或列，然后在"开始"选项卡中单击"行和列"按钮，在弹出的下拉列表中选择"删除单元格"→"删除行"命令，如图2.42所示，即可将其删除。

图 2.41　插入行　　　　　　　　　　　　　　　图 2.42　删除行

提示：删除列的方法与删除行的类似。

6. 隐藏或显示行和列

在 WPS 工作表中，有时需要将一些不需要公开的数据隐藏起来，或者将一些隐藏的行或列重新显示出来。

选择要隐藏行中的任意单元格，在"开始"选项卡中单击"行和列"按钮，在弹出的下拉列表中选择"隐藏与取消隐藏"→"隐藏行"命令，所选择的行即可被隐藏起来，如图 2.43 所示。

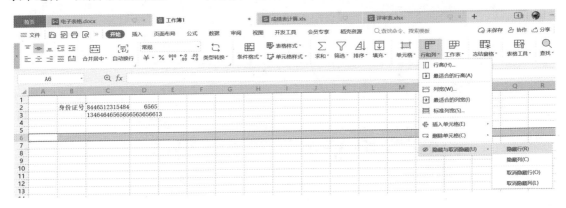

图 2.43　隐藏行

取消隐藏：单击"单元格"组中的"格式"按钮，在弹出的下拉列表中选择"可见性"组中的"隐藏和取消隐藏"→"取消隐藏行"或"取消隐藏列"命令，工作表中被隐藏的行或列即可显示出来。除此之外，用户还可以使用鼠标直接拖动来显示隐藏的行或者列。

7. 复制和移动单元格内容

在编辑 WPS 工作表时，若数据输错了位置，不必重新输入，可将其移动到正确的单元格区域；若单元格区域数据与其他区域数据相同，可采用复制的方法来编辑工作表。

1）复制单元格区域

（1）打开"素材\成绩表计算.xlsx"文件，选择单元格区域 B2:B13，将鼠标指针移到所选区域的边框线上，指针变成 形状，如图 2.44 所示。

（2）按住 Ctrl 键不放，当鼠标指针箭头右上角出现"+"形状时，拖动到单元格区域 K2:K13，即可将单元格区域 B2:B13 复制到新的位置，如图 2.45 所示。

2）移动单元格区域

在上述操作中，拖动单元格区域时不按 Ctrl 键，即可移动单元格区域。除了使用拖动鼠标来移动或复制单元格内容，还可以使用剪贴板移动或复制单元格区域。

复制单元格区域的方法是先选择单元格区域，按"Ctrl+C"组合键，将此区域复制到剪贴板中，然后通过粘贴（按"Ctrl+V"组合键）的方式复制到目标区域。移动单元格区域是按"Ctrl+X"组合键，将此区域剪切到剪贴板中，然后通过粘贴（按"Ctrl+V"组合键）的方式移动到目标区域。

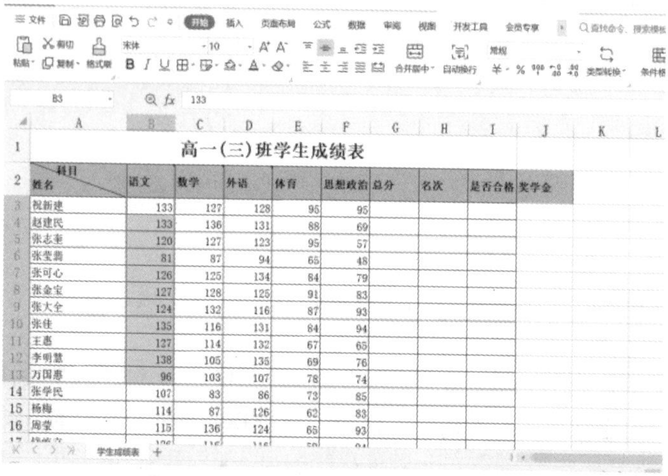

图 2.44 选择单元格并移动鼠标位置

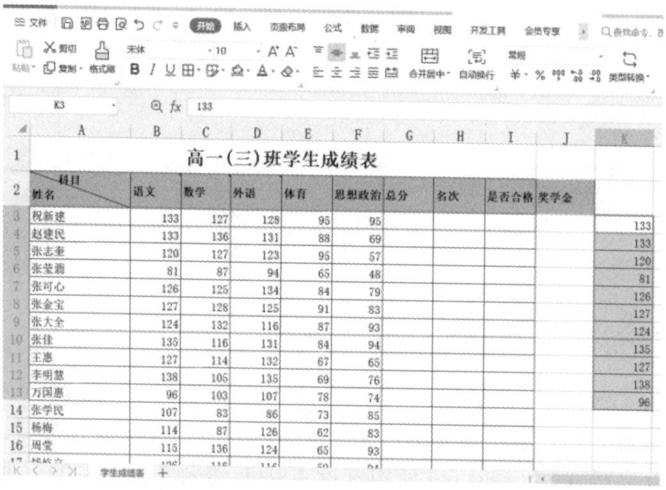

图 2.45 复制单元格区域

8. 插入单元格

在 WPS 工作表中，可以在活动单元格的上方或左侧插入空白单元格，同时将同一列中的其他单元格下移或右移。

在"开始"选项卡中单击"行和列"按钮，在弹出的下拉列表中选择"插入单元格"→"插入单元格"命令，如图 2.46 所示，弹出"插入"对话框，选中"活动单元格下移"单选按钮，如图 2.47 所示，单击"确定"按钮，即可在当前位置插入空白单元格区域，且原位置数据下移一行。

9. 删除单元格

在 WPS 工作表中，可以删除不需要的单元格。先选择要删除的单元格，然后在"开始"选项卡中单击"行和列"按钮，在弹出的下拉列表中选择"删除单元格"→"删除单元格"命令即可，如图 2.48 所示。也可以在选择的单元格区域内右击，在弹出的快捷菜单中选择"删除"命令，弹出"删除"对话框，选择相应的单选按钮，如图 2.49 所示，单击"确定"按钮，选择的单元格即可被删除。

图 2.46　插入单元格

图 2.47　"插入"对话框

图 2.48　删除单元格

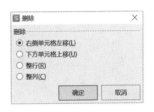

图 2.49　"删除"对话框

10. 清除单元格

清除单元格是指删除单元格中的内容（公式和数据）、格式（包括数字格式、条件格式和边框）以及任何附加的批注等。

先选择要清除内容的单元格，然后单击"开始"选项卡中的"单元格"按钮，在弹出的下拉列表中选择"清除"→"全部"命令，如图 2.50 所示，单元格中的数据和格式就会被全部删除。根据需要也可以选择"格式"命令，此时，只清除单元格格式而保留单元格的内容或批注。

图 2.50　清除单元格

2.1.4 输入文本

新建一个空白工作簿时，在单元格中输入数据，某些输入的数据 WPS 会自动根据数据的特征进行处理并显示出来。为了使用 WPS 强大的数据处理功能，需要了解 WPS 的输入规则和方法。

1. 输入文本和数值

1）输入文本

文本是单元格中经常使用的一种数据类型，包括汉字、英文字母、数字和符号等。每个单元格最多可包含 32767 个字符。

在单元格中输入"9 号运动员"，WPS 会将它显示为文本形式；如果将"9"和"运动员"分别输入不同单元格中，则 WPS 会把"运动员"作为文本处理，而把"9"作为数值处理，如图 2.51 所示。

图 2.51　输入文本

注意：要在单元格中输入文本，应先选择该单元格，输入文本后再按 Enter 键，WPS 会自动识别文本类型，并将文本对齐方式默认设置为"左对齐"。

如果单元格列宽容纳不下文本字符串，则可占用相邻的单元格，如果相邻的单元格中已有数据，则将其截断显示，被截断不显示的部分仍然存在，只需增大列宽即可显示出来，如图 2.52 所示。

如果在单元格中输入的是多行数据，则在换行处按"Alt+Enter"组合键，即可实现换行。换行后在一个单元格中将显示多行文本，行的高度也会自动增大，如图 2.53 所示。

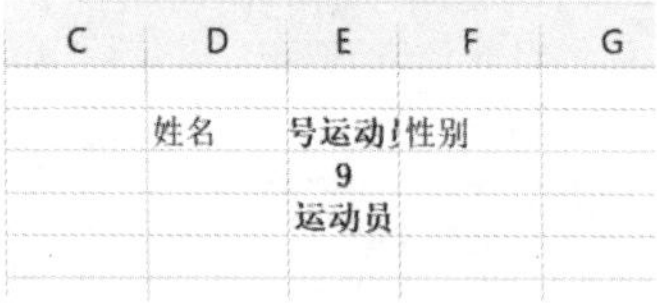

图 2.52　文字显示不全 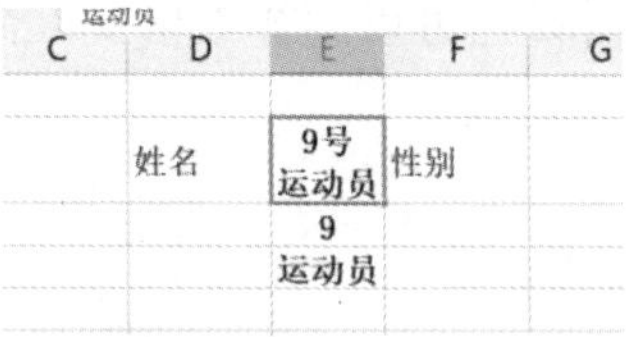　　　　　图 2.53　按"Alt+Enter"组合键换行

2）输入数值

数值型数据是 WPS 中大量使用的数据类型。

在选择的单元格中输入数值时，数值将显示在活动单元格和编辑栏中。单击编辑栏左侧的 ✕ 按钮，可将正在输入的内容取消；如果要确认输入的内容，则按 Enter 键或单击编辑栏左侧

的 ✔ 按钮。如果数值输入错误或者需要修改数值，则可以通过双击相关单元格来重新输入。

在单元格中输入数值型数据后按 Enter 键，WPS 会自动将数值的对齐方式设置为右对齐。

在单元格中输入数值型数据的规则如下。

（1）输入分数时，为了区别于日期型数据，需要在分数之前加一个零和一个空格。例如，在 A1 中输入"2/5"，则显示"2 月 5 日"；在 B1 中输入"0 2/5"，则显示"2/5"，值为 0.4，如图 2.54 所示。

（2）如果输入以数字 0 开头的字符串，WPS 会自动省略 0，即不显示开头的 0。如果要保持输入的内容不变，则可以先输入"'"，再输入数字或字符。例如，在 C3 中输入"'00124"，按 Enter 键后显示为左对齐的 00124，如图 2.55 所示。

图 2.54　分数输入

图 2.55　输入以"0"开头的字符串

（3）在 WPS 中，若单元格容纳不下较长的数字，如输入身份证号码，WPS 会自动将其转变为文本类型，不会用科学计数法显示该数据，如图 2-56 所示。

图 2.56　输入身份证号码

2. 输入日期和时间

在工作表中输入日期或时间时，为了区别于普通数值数据，需要用特定的格式定义时间和日期。WPS 内置了一些日期与时间的格式，当输入的数据与这些格式相匹配时，WPS 会自动将它们识别为日期或时间数据，如图 2.57 和图 2.58 所示。

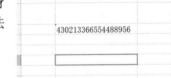

图 2.57　设置日期　　　　　　　　　图 2.58　设置时间

1）输入日期

在输入日期时，为了确定含义和方便查看，可以用左斜线或短线分隔日期的年、月、日。例如，可以输入"2021/12/12"或"2021-12-12"；如果要输入当前日期，则按"Ctrl+;"组合键即可，如图 2.59 所示。

2）输入时间

输入时间时，小时、分、秒之间用冒号（:）作为分隔符。在输入时间时，如果按 12 小时制输入时间，则要在时间的后面空一格再输入字母 AM（上午）或 PM（下午）。例如，输入"8:20 AM"，按 Enter 键，结果是 08:20 AM，如图 2.60 所示。如果要输入当前时间，则按"Ctrl+Shift+;"组合键即可。

图 2.59　输入当前日期

图 2.60　输入时间

日期和时间型数据在单元格中靠右对齐。如果 WPS 不能识别输入的日期或时间格式，则输入的数据将被视为文本并在单元格中靠左对齐。

需要注意的是，如果在单元格中首次输入的是日期，则 WPS 会将该单元格自动设置为日期格式，以后如果输入一个普通数值，则 WPS 仍然会将其换算成日期来显示。

3．撤销与恢复输入内容

使用 WPS 提供的撤销与恢复功能可以快速取消错误操作，以提高工作效率。

1）撤销

在进行输入、删除和更改等单元格操作时，WPS 会自动记录最新的操作和刚执行过的命令。当不小心错误地编辑了表格中的数据时，可以利用"撤销"按钮 ↻ 撤销上一步的操作。

提示：WPS 中的多级撤销功能可用于撤销最近的 16 步编辑操作。但有些操作，如存盘设置选项或删除文件则是不可撤销的。因此，在进行文件的删除操作时要小心，以免删除辛苦工作的成果。

2）恢复

"撤销"和"恢复"可以看成是一对可逆的操作，在经过撤销操作后，"撤销"按钮右边的"恢复"按钮 ↺ 将被置亮，表明"恢复"按钮可用。

"撤销"按钮和"恢复"按钮在默认情况下均在快速访问工具栏中。在进行操作之前，"撤销"按钮和"恢复"按钮是灰色不可用的。

2.1.5　常见的单元格数据类型

在单元格中输入数据时，有时输入的数据和单元格中显示的数据不一样，或者显示的数据格式与所需要的不一样，这是因为 WPS 单元格数据有不同的类型。要正确地输入数据必须先了解单元格数据类型。在图 2.61 中，左列为常规格式的数据显示，中列为文本格式，右列为数值格式。

选中要设置格式的单元格区域并右击，在弹出的快捷菜单中选择"设置单元格格式"命令，弹出"单元格格式"对话框，选择"数字"选项卡，在"分类"列表框中选择格式类型即可，如图 2.62 所示。

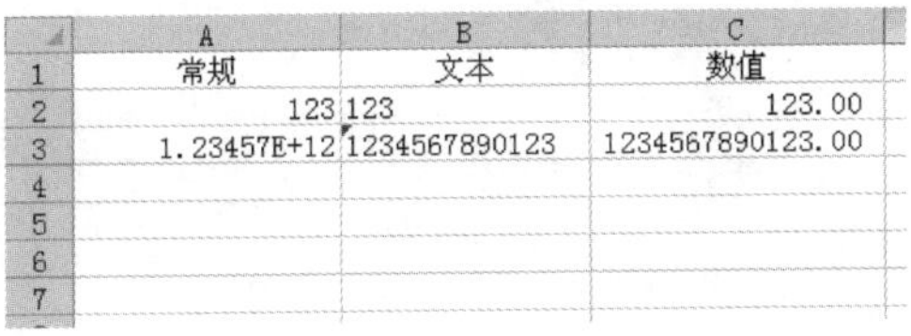

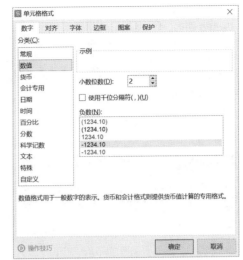

图 2.61 不同数据类型的显示

图 2.62 "单元格格式"对话框

下面介绍几种常见的单元格格式类型。

1. 常规格式

常规格式是不包含特定格式的数据格式，WPS 中默认的数据格式就是常规格式。按 "Ctrl+Shift+~" 组合键，可以应用常规格式，如图 2.63 所示。

2. 数值格式

数值格式主要用于设置小数点的位数。用数值表示金额时，还可以使用千位分隔符来表示，如图 2.64 所示。

图 2.63 常规格式

图 2.64 使用千位分隔符

3. 货币格式

货币格式主要用于设置货币的形式，包括货币类型和小数位数。按 "Ctrl+Shift+$" 组合键，可以应用带两位小数位的货币数字格式。货币格式的设置可以有两种方式，一种是先设置后输入，另一种是先输入后设置。如图 2.65 所示为货币格式。

4. 会计专用格式

会计专用格式顾名思义是为会计设计的一种数据格式，它也用货币符号标示数字，货币符号包括人民币符号和美元符号等。它与货币格式不同的是，会计专用格式可以将一列数值中的货币符号和小数点对齐，如图 2.66 所示。

5. 时间和日期格式

在单元格中输入时间和日期时，WPS 会以默认的时间和日期格式显示，也可以在 "单元格格式" 对话框中进行设置，用其他时间和日期格式来显示数字，如图 2.67 和图 2.68 所示。

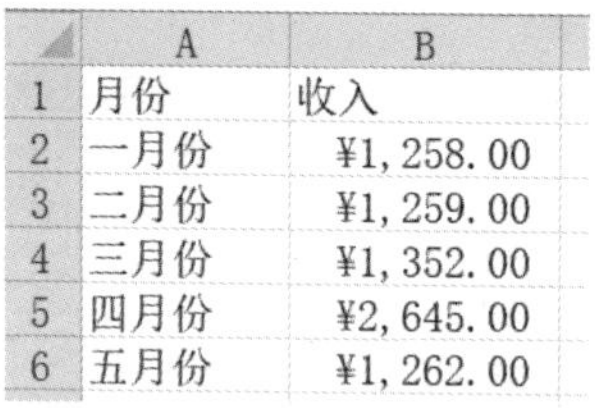

图 2.65　货币格式

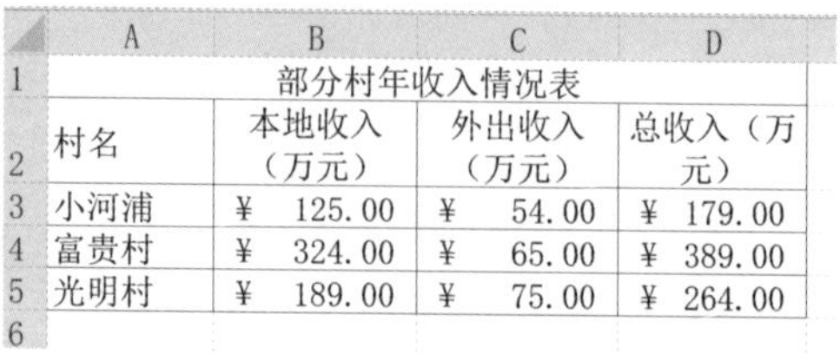

图 2.66　会计专用格式

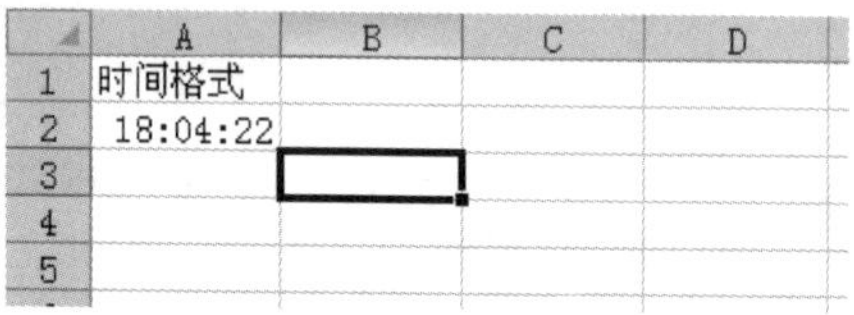

图 2.67　时间格式

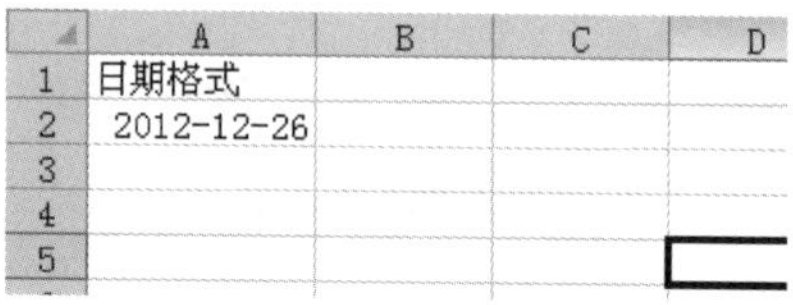

图 2.68　日期格式

6. 百分比格式

单元格中的数字显示为百分比格式有两种情况，先设置后输入和先输入后设置。下面以先设置后输入为例，介绍设置百分比格式的方法。

方法一：新建一个空白文档，输入如图 2.69 所示的内容，并选择 A2:A6 区域，然后在"单元格格式"对话框的"分类"列表框中选择"百分比"，设置"小数位数"为"2"，单击"确定"按钮。

方法二：在 A2:A6 区域输入数字，如图 2.70 所示。可以看出，WPS 只是应用了 2 位小数并加上了"%"符号。

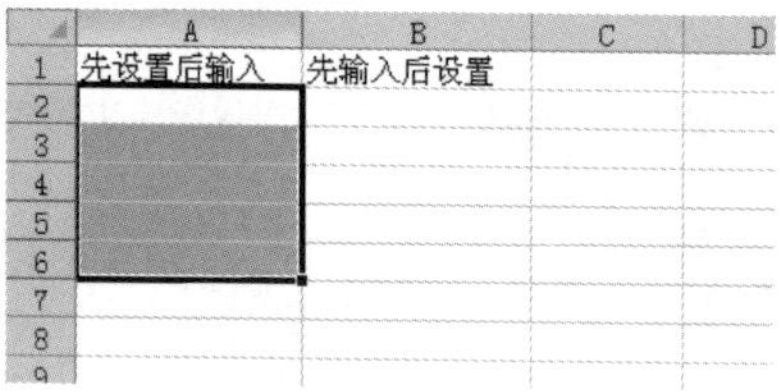

图 2.69　设置单元格数据格式

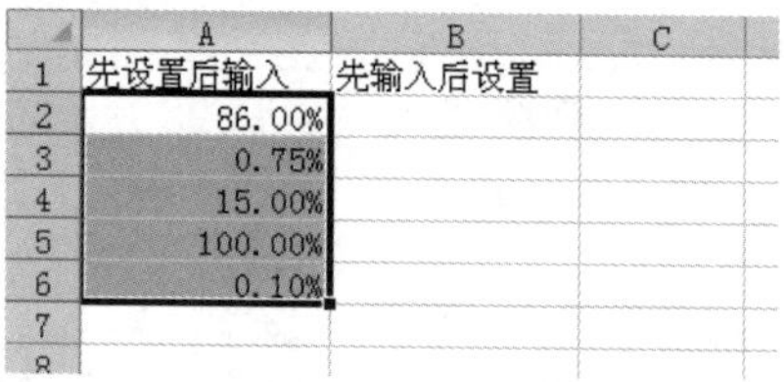

图 2.70　百分比格式

先输入后设置百分比格式的效果如图 2.71 所示。

提示：按"Ctrl+Shift+%"组合键，可以应用不带小数位的百分比格式。

7. 分数格式

默认情况下，在单元格中输入"2/5"后按 Enter 键，会显示为 2 月 5 日，要将它显示为分数，可以先应用分数格式，再输入相应的分数，如图 2.71 所示。

提示：如果不需要对分数进行运算，则在单元格中输入分数之前，通过在"单元格格式"对话框的"分类"列表框中选择"文本"，可将单元格设置为文本格式。这样，输入的分数就不会减小或转换为小数。

8. 科学计数格式

科学计数格式是指以科学计数法的形式显示数据，它适用于输入较大的数值。在默认情况下，如果输入的数值较大，将被自动转换成科学计数格式。如图 2.72 所示为科学计数格式。

也可以根据需要直接设置科学计数格式，按"Ctrl+Shift+^"组合键，可以应用带两位小数的科学计数格式。

图 2.71　输入分数　　　　　　　图 2.72　科学计数格式

9. 文本格式

文本格式中常见的输入数据是汉字、字母和符号，数字也可以作为文本格式输入，只需在输入数字时先输入"'"即可。WPS 中文本格式默认左对齐，与其他格式一样，也可以根据需要设置文本格式。

2.1.6　快速填充表格数据

WPS 提供了快速输入数据的功能，使用该功能可以提高输入数据的效率，并可以降低输入错误率。

1. 使用填充柄填充

填充柄是位于当前活动单元格右下角的黑色方块，用鼠标拖动或者双击它可以进行填充操作，该功能适用于填充相同数据或者序列数据信息。填充完成后会出现一个图标，单击图标，在弹出的下拉列表中会显示填充方式，可以在其中选择合适的填充方式，如图 2.73 所示。使用填充柄实现快速填充的操作步骤如下：

（1）启动 WPS，新建一个空白文档，向其中输入内容，如图 2.74 所示。

图 2.73　选择填充方式

图 2.74　在工作表中输入内容

（2）在单元格 A3 中输入"1"，在单元格 A4 中输入"2"，选择单元格区域 A3:A4，将鼠标指针置于单元格 A4 的右下角，当指针变成＋形状时向下拖动，即可完成"名次"的快速填充。在单元格 F3 中输入"数学"，将鼠标指针置于单元格 F3 的右下角，当指针变成＋形状时向下拖动，即可完成"专业"的快速填充，如图 2.75 所示。

（3）在 D3 和 D4 中分别输入"男""女"，选择单元格 D5，按"Alt+↓"组合键，在单元格 D5 的下方会显示已经输入数据的列表，选择相应的选项，即可快速输入，如图 2.76 所示。

2. 使用"填充"命令填充

在 WPS 中，除了使用填充柄进行快速填充，还可以使用"填充"命令进行自动填充。

（1）启动 WPS，新建一个空白文档，在单元格 A1 中输入"Microsoft Excel 2010"。

（2）选择要填充序列的单元格区域 A1:A10，在"开始"选项卡中单击"编辑"组中的"填充"按钮，在弹出的下拉列表中选择"向下"命令，如图 2.77 所示。

（3）填充后的效果如图 2.78 所示。

图 2.75 使用填充柄填充

图 2.76 数据选择列表

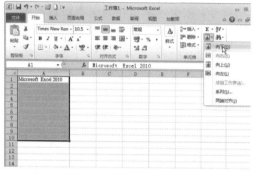

图 2.77 选择"向下"命令

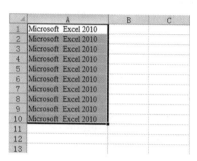

图 2.78 填充效果

提示：使用"填充"命令自动填充时，一些特定位置的单元格区域才可以被填充，如向上、向左和向右等方位。

3. 自定义序列填充

在 WPS 中还可以自定义填充序列，这样可以给用户带来很大方便。自定义填充序列可以是一组数据，按重复的方式填充行和列。用户可以自定义一些序列，也可以直接使用 WPS 中已定义的序列。

自定义序列填充的操作步骤如下：

（1）新建一个文档，在"文件"菜单中选择"选项"命令。

（2）在弹出的"选项"对话框中，单击"自定义序列"，如图 2.79 所示。

（3）在"输入序列"文本框中输入定义的序列，单击"添加"按钮，即可将定义的序列添加到"自定义序列"列表框中，如图 2.80 所示。

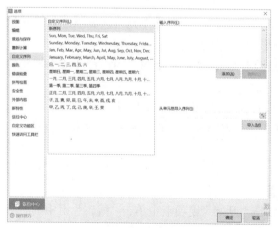

图 2.79 "选项"对话框

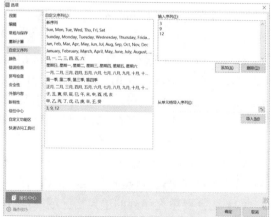

图 2.80 添加自定义序列

2.1.7　查找和替换

使用 WPS 提供的查找和替换功能，用户可以在工作表中快速找到所需数据，并且可以有选择地用其他数据替换。在 WPS 中，用户可以在一个工作表的选择区域内进行查找和替换，也可以在多个工作表内进行查找和替换，只需选择所需查找和替换的范围即可。

1. 查找数据

（1）打开"素材\成绩表计算.xlsx"文件。在"开始"选项卡中单击"编辑"组中的"查找"按钮，在弹出的下拉列表中选择"查找"命令，如图 2.81 所示。

（2）在弹出的"查找"对话框的"查找内容"文本框中输入要查找的内容，如输入"赵建民"，单击"查找下一个"按钮，查找下一个符合条件的单元格，而且这个单元格会自动成为活动单元格，如图 2.82 所示。

图 2.81　选择"查找"命令

图 2.82　"查找"对话框

2. 替换数据

替换数据的操作和查找数据的操作相似，如果只需找出所需查找的内容，则使用查找功能；如果查找的内容需要替换为其他文字，则使用替换功能。

（1）在"开始"选项卡中单击"编辑"组中的"查找"按钮，在弹出的下拉列表中选择"替换"命令。

（2）在弹出的"替换"对话框的"查找内容"文本框中输入要查找的内容，如"赵建民"，在"替换为"文本框中输入要替换成的内容，如"赵一泽"，如图 2.83 所示。单击"查找下一个"按钮，查找到相应的内容后，单击"替换"按钮，将替换成指定的内容。再单击"查找下一个"按钮，可以继续查找并替换。

图 2.83　"替换"对话框

（3）单击"全部替换"按钮，可替换整个工作表中所有符合条件的单元格数据。全部替换完成后会将数据表格中所有赵建民的数据替换为赵一泽的。

提示：在进行查找和替换时，如果不能确定完整的搜索信息，则可以使用通配符"?"和"*"来代替不能确定的部分信息。?代表一个字符，*代表一个或多个字符。

2.1.8 设置对齐方式

对齐方式是指单元格中的数据显示在单元格中上、下、左、右的相对位置。WPS 允许为单元格数据设置的对齐方式有左对齐、右对齐和合并居中对齐等。在默认情况下，单元格的文本为左对齐，数字为右对齐。

1. 对齐方式

在"开始"选项卡的"对齐方式"组中的对齐方式按钮如图 2.84 所示，下面介绍其功能。

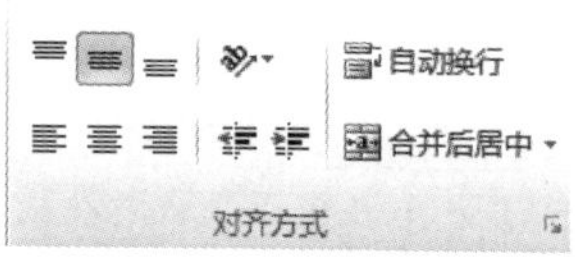

图 2.84 对齐方式按钮

（1）"顶端对齐"按钮：选择要调整的单元格，单击该按钮，可使选择的单元格或单元格区域内的数据沿单元格的顶端对齐。

（2）"垂直居中"按钮：选择要调整的单元格，单击该按钮，可使选择的单元格或单元格区域内的数据在单元格内上下居中。

（3）"底端对齐"按钮：选择要调整的单元格，单击该按钮，可使选择的单元格或单元格区域内的数据沿单元格的底端对齐。

（4）"方向"按钮：选择要调整的单元格，单击该按钮，弹出下拉列表，可根据各个命令左侧显示的样式进行选择。

（5）"左对齐"按钮：选择要调整的单元格，单击该按钮，可使选择的单元格或单元格区域内的数据在单元格内左对齐。

（6）"居中"按钮：选择要调整的单元格，单击该按钮，可使选择的单元格或单元格区域内的数据在单元格内水平居中显示。

（7）"右对齐"按钮：选择要调整的单元格，单击该按钮，可使选择的单元格或单元格区域内的数据在单元格内右对齐。

（8）"减少缩进量"按钮：选择要调整的单元格，单击该按钮，可以减少边框与单元格文字间的边距。

（9）"增加缩进量"按钮：选择要调整的单元格，单击该按钮，可以增加边框与单元格文字间的边距。

（10）"自动换行"按钮：选择要调整的单元格，单击该按钮，可以使单元格中的所有内容以多行的形式全部显示出来。

（11）"合并后居中"按钮：选择要调整的单元格，单击该按钮，可以使选择的各个单元格合并为一个单元格，并将合并后的单元格内容水平居中显示。单击此按钮右边的按钮，弹出下拉列表，可在其中选择合并的形式。

使用对齐方式按钮设置数据对齐方式的操作步骤如下：

（1）打开"素材\成绩表计算.xlsx"文件。选择单元格区域 A1:L1，单击"对齐方式"组中的"合并后居中"按钮，可将该区域合并为一个单元格，且标题居中显示，如图 2.85 所示。

（2）选择单元格区域 A2:F22，单击"对齐方式"组中的"垂直居中"按钮和"居中"按钮，可将该区域的数据居中对齐，如图 2.86 所示。

图 2.85 合并单元格

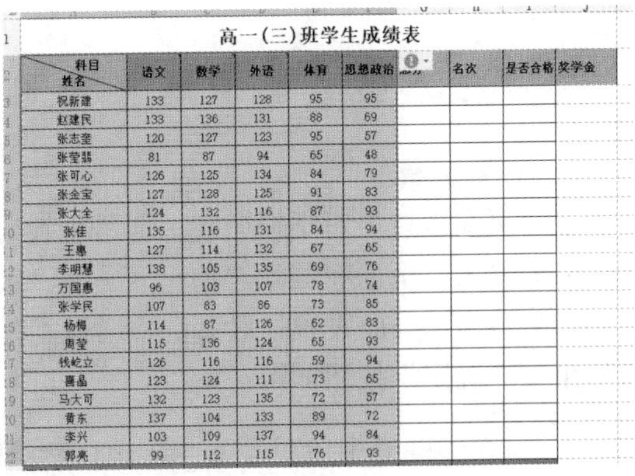

图 2.86 设置单元格数据居中对齐

2. 自动换行

如果一个单元格内需要输入较多的数据而列宽又不能太大，则可以使用自动换行功能。设置文本换行的目的是将文本在单元格内以多行显示。设置文本自动换行的操作步骤如下：

（1）新建一个 WPS 空白文档，输入文字时，如果输入的文字过长，就会显示在后面的单元格中或显示不完整，如图 2.87 所示。

（2）选择要设置文本换行的单元格区域 A1:A2，在"开始"

选项卡中单击"对齐方式"组中的"自动换行"按钮 ，或

图 2.87 单元格内容显示不完整

者在需要换行的单元格区域内右击，在弹出的快捷菜单中选择"设置单元格格式"命令，在弹出的"单元格格式"对话框的"对齐"选项卡中勾选"自动换行"复选框，如图 2.88 所示，单击"确定"按钮。

（3）设置"自动换行"后的效果如图 2.89 所示。

图 2.88 "单元格格式"对话框

图 2.89 设置"自动换行"后的效果

2.1.9 打印设置

1. 设置页面

在"页面设置"对话框中对页面进行设置的操作步骤如下：

（1）单击"页面布局"选项卡（见图 2.90）中的"页面设置"按钮。

（2）弹出"页面设置"对话框，选择"页面"选项卡，然后进行相应的页面设置，设置完成后单击"确定"按钮即可。

图 2.90 "页面布局"选项卡

2. 设置页边距

页边距是指纸张上打印内容的边界与纸张边沿间的距离。

（1）启动 WPS，单击"页面布局"选项卡中的"页边距"按钮，如图 2.91 所示，在弹出的下拉列表中选择"自定义页边距"命令，弹出"页面设置"对话框，选择"页边距"选项卡，如图 2.92 所示。

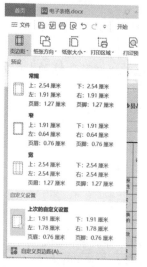

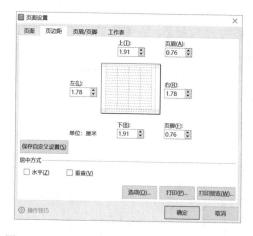

图 2.91 单击"页边距"按钮　　图 2.92 "页面设置"对话框的"页边距"选项卡

（2）在"页边距"选项卡中进行相应的设置，设置完成后单击"确定"按钮即可。

3. 设置页眉/页脚

页眉位于页面的顶端，用于显示文件名和报表标题等；页脚位于页面的底部，用于显示页码、打印日期和时间等。设置页眉/页脚的操作步骤如下：

（1）单击"页面布局"选项卡中的 页眉页脚 按钮，弹出"页面设置"对话框。

（2）在该对话框中选择"页眉/页脚"选项卡，如图 2.93 所示，单击"自定义页眉"按钮，弹出"页眉"对话框，如图 2.94 所示，可以对页眉进行个性化设置。

图 2.93 "页面设置"对话框的"页眉/页脚"选项卡　　　　图 2.94 "页眉"对话框

下面介绍"页眉"对话框中各个按钮和文本框的作用。

"格式文本"按钮▲：单击该按钮，弹出"字体"对话框，可以设置字体、字号、下画线和特殊效果等，如图 2.95 所示。

"插入页码"按钮▣：单击该按钮，可以在页眉中插入页码，添加或者删除工作表时 WPS 会自动更新页码。

"插入页数"按钮▣：单击该按钮，可以在页眉中插入总页数，添加或者删除工作表时 WPS 会自动更新总页数。

"插入日期"按钮▤：单击该按钮，可以在页眉中插入当前日期，如图 2.96 所示。

"插入时间"按钮◎：单击该按钮，可以在页眉中插入当前时间。

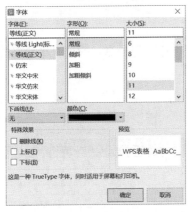

图 2.95 "字体"对话框　　　　图 2.96 "插入日期"按钮

"插入文件路径"按钮▣：单击该按钮，可以在页眉中插入当前工作簿的绝对路径。

"插入文件名"按钮▯：单击该按钮，可以在页眉中插入当前工作簿的名称。

"插入数据表名称"按钮▣：单击该按钮，可以在页眉中插入当前工作表的名称。

"插入图片"按钮▣：单击该按钮，弹出"插入图片"对话框，从中可以选择需要插入到页眉中的图片。

"设置图片格式"按钮▣：只有插入了图片，该按钮才可用。单击该按钮，弹出"设置图片格式"对话框，可以设置图片的大小、转角、比例、颜色、亮度、对比度等。

"左"文本框：输入或插入的页眉注释将出现在页眉的左上角。

"中"文本框：输入或插入的页眉注释将出现在页眉的正上方。

"右"文本框：输入或插入的页眉注释将出现在页眉的右上角。

提示：在"页面设置"对话框中单击"自定义页脚"按钮，弹出"页脚"对话框。该对话框中各个按钮和文本框的作用可以参照"页眉"对话框中各个按钮和文本框的作用。

4. 设置边框线

通过功能区"字体"组中的"边框"按钮，可以设置单元格的边框，操作步骤如下：

（1）打开"素材\成绩表计算.xlsx"文件，选择要设置边框的单元格区域 A2:I22，如图 2.97 所示。

	语文	数学	外语	体育	思想政治	总分	名次	是否合格	
祝新建	133	127	128	95	95				
赵建民	133	136	131	88	69				
张志奎	120	127	123	95	57				
张莹喆	81	87	94	65	48				
张可心	126	125	134	84	79				
张金宝	127	128	125	91	83				
张大全	124	132	116	87	93				
张佳	135	116	131	84	94				
王惠	127	114	132	67	65				
李明慧	138	105	135	69	76				
万国惠	96	103	107	78	74				
张学民	107	83	86	73	85				
杨梅	114	87	126	62	83				
周莹	115	136	124	65	93				
钱屹立	126	116	116	59	94				
喜晶	123	124	111	73	65				
马大可	132	123	135	72	57				
黄东	137	104	133	89	72				
李兴	103	109	137	94	84				
郭亮	99	112	115	76	93				

图 2.97　选择单元格区域 A2:I22

（2）右击，在弹出的快捷菜单中选择"设置单元格格式"命令，弹出"单元格格式"对话框，选择"边框"选项卡，如图 2.98 所示。

（3）设置边框线后的工作表如图 2.99 所示。

图 2.98　选择边框样式

图 2.99　设置边框线后的工作表

5. 打印区域设置

如果不设置边框线，仅需打印时才显示边框线，可以通过设置网格线来实现，操作步骤如下：

（1）打开"素材\成绩表计算.xlsx"文件，选择单元格区域 A1:F12，在"页面布局"选项卡中勾选"网络线"，单击"打印区域"下拉按钮，在弹出的下拉列表中选择"设置打印区域"命令，如图 2.100 所示。

（2）在"页面布局"选项卡中单击"打印预览"按钮，可显示如图 2.101 所示的效果。

图 2.100　选择"设置打印区域"命令　　　　　图 2.101　打印预览效果

→ 任务实施

本任务的关键操作步骤如下：

（1）新建 WPS 空白表格，在工作表中重命名工作簿，名称为"××省水电工程投标评审标准表.xlsx"（见图 2.102），将工作表重命名为"评审标准表"。

××省水电工程投标评审标准表

项目名称：××水利水电工程施工

项目编号：2010DCXJG-51-3G

序号	查数号	评审因素	评审标准	评审结果	申请人						
					湖南永宇建设工程有限公司	湖南黄辉建设集团	湖南省宁园建设总公司	常德空水工程建设有限责任公司	岳阳市惠安水利水电公司	湖南程威建设集团	湖南文涛水利水电建设公司
1	2.1.1	投标人名称	与营业执照、投标证书、安全生产许可证一致	优秀 / 良好	优秀	良好	不合格	不合格	不合格	良好	良好
2		盖章签字	符合第二章第3.7.3项规定	优秀 / 良好	良好	良好	优秀	优秀	优秀	良好	良好
3		投标文件格式	符合第八章"换标文件格式"的要求	优秀 / 良好	良好	良好	优秀	优秀	优秀	良好	良好
4		投价唯一	只能有一个有效报价	优秀 / 良好	良好	良好	优秀	优秀	优秀	良好	良好
5		投标文件的正本、副本数	符合第二章第3.7.4项规定	优秀 / 良好	良好	良好	良好	良好	良好	优秀	良好
6		投标文件装订需求	符合第二章"换拍人须知"第3.7.5项规定	优秀 / 良好	良好	良好	良好	优秀	优秀	良好	优秀
		评审评价									

评审签字：

图 2.102　××省水电工程投标评审标准表

选择"文件"菜单中的"另存为"→"Excel 文件(*.xlsx)"，如图 2.103 所示，输入"××

省水电工程投标评审标准表"；工作表重命名的操作如图 2.104 所示，将工作表重命名为"评审标准表"。

图 2.103　对文件进行另存　　　　　　　图 2.104　重命名工作表

（2）按照图 2.102 输入文字，并对文字进行排版。

选择要合并的单元格，单击"开始"选项卡中的 按钮，文字输入完后水平垂直居中，需要换行的可以通过快捷键"Alt+Enter"强制换行。

（3）设置表格边框时使用如图 2.102 所示的外粗内细的样式。

选中表格，在右键菜单中选择"设置单元格格式"命令，在弹出的如图 2.105 所示的对话框中选择"边框"选项卡，按照"粗外细内"的顺序设置边框。

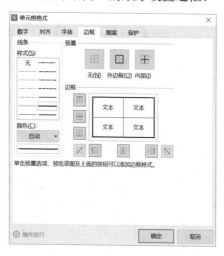

图 2.105　设置单元格边框

（4）设置如图 2.102 所示的粉红色底纹。

按住 Ctrl 键选择要设置底纹的不连续单元格，直接通过工具栏中的颜料桶灌入粉红色底纹，具体设置如图 2.106 所示。

（5）设置版面横向打印模式，将表格的列宽和行高进行适当调整，并将所有文字显示在打印预览的一页中。

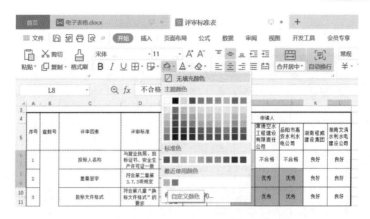

图 2.106　设置单元格底纹操作

在"页面布局"选项卡的"纸张方向"下拉列表中选择"横向",如图 2.107 所示,选择表格区域,单击"页面布局"选项卡中的"打印区域"下拉按钮,在弹出的下拉列表中选择"设置打印区域"命令,如图 2.108 所示。

图 2.107　设置纸张方向

图 2.108　设置打印区域

➡ 任务小结

通过评审表的制作,让学生掌握 WPS 表格界面的基本操作,表格的制作、编辑和美化。

任务 2　"学生成绩表"表格的计算

➡ 任务提出

表格的计算是评审工作中常见的操作,通过对"学生成绩表"的计算,掌握对数据区域内各种数据的计算与统计。

➡ 任务要求及分析

1. 任务要求

(1)打开"素材/成绩表计算.xlsx"文件,如图 2.109 所示,通过函数求出总分、平均分、最高分及名次。

(2)通过函数判断,总分高于 500 的为合格,否则为不合格。通过函数求奖学金,570 分以上的奖学金为 5000 元,560~570 分的奖学金为 3000 元,550~560 分的奖学金为 1000 元,不到 550 分的没有奖学金。

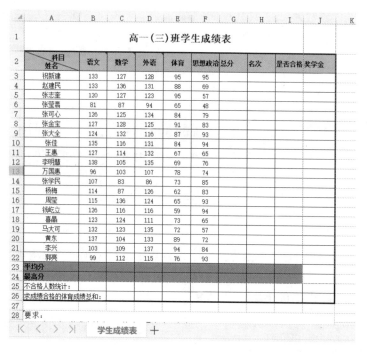

图 2.109　学生成绩表计算

（3）在最后一列加一列"加分"，通过函数来计算加分，第一名加 10 分，前五名加 5 分，倒数的五名扣 5 分，中间的不给分。

（4）给各课程分数加颜色，130 分以上的为文本红色，90 分以下的为底纹黄色。

（5）通过统计函数对成绩不合格的人数进行统计，通过条件求和函数求成绩合格的体育成绩总和。

2．任务分析

将数据表格的计算应用于工程评审过程中是非常普遍的，因此，要掌握以下技能：

（1）通过公式对 WPS 数据区域进行加减求和的计算操作。

（2）通过函数对 WPS 数据区域进行排名，进行统计人数等操作。

（3）通过统计函数对 WPS 数据区域进行条件求和及统计操作。

➡ **相关知识点**

2.2.1　单元格引用

单元格的引用就是单元格地址的引用，所谓单元格的引用就是把单元格的数据和公式联系起来。

1．相对引用和绝对引用

单元格引用有相对引用和绝对引用两种方式，正确地理解和恰当地使用这两种引用方式，对用户使用公式有极大的帮助。

1）相对引用

相对引用是指单元格的引用会随公式所在单元格位置的改变而改变。复制公式时，WPS

不会改变公式的原有格式，但是会根据新的单元格地址的改变，来推算出公式中的数据变化。在默认情况下，公式中使用的都是相对引用。

（1）打开“素材\大学生消费情况调查表.xlsx”文件。

（2）单元格 F3 中的公式是“=C3+D3+E3”，将鼠标指针置于单元格 F3 的右下角，当指针变成“+”形状时向下拖曳至单元格 F16，即可完成单元格 F4～F16 的公式填充，F16 中的公式会变成“=C16+D16+E16”，如图 2.110 所示。

F3　fx =C3+D3+E3

	A	B	C	D	E	F
1	大学生十月份消费情况调查表					
2	学生学号	姓名	学习用品	食宿及衣物	娱乐	合计
3	202103201	张旭	33	230	89	352
4	202103202	王文华	35	250	56	341
5	202103203	卢小文	42	355	68	465
6	202103204	钟晓辉	54	342	98	494
7	202103205	潘晓思	26	265	125	416
8	202103206	李辉华	51	248	138	437
9	202103207	李文军	42	268	185	495
10	202103208	邓景文	46	189	158	393
11	202103209	何思敏	65	198	136	399
12	202103210	陈佳慧	34	201	137	372
13	202103211	陈文华	48	216	78	342
14	202103212	王文军	49	188	87	324
15	202103213	李华	38	199	85	322
16	202103214	杨梅	34	234	88	356

图 2.110　计算“合计”列

2）绝对引用

绝对引用比相对引用好理解，它是指在复制公式时，无论如何改变公式的位置，其引用单元格的地址都不会改变。绝对引用的表示形式是在普通地址的前面加“$”，如 C1 单元格的绝对引用形式是$C$1，可以使用快捷键 F4 快速添加$。

（1）打开“素材\大学生消费情况调查表.xlsx”文件，修改单元格 F3 中的公式为“=$C$3+$D$3+$E$3”，如图 2.111 所示。

（2）将鼠标指针置于单元格 F3 的右下角，当指针变成“+”形状时向下拖曳至单元格 F16，公式仍然为“=$C$3+$D$3+$E$3”，即表示这种公式为绝对引用公式，如图 2.112 所示。

F3　fx =$C$3+$D$3+$E$3

	A	B	C	D	E	F
1	大学生十月份消费情况调查表					
2	学生学号	姓名	学习用品	食宿及衣物	娱乐	合计
3	202103201	张旭	33	230	89	352
4	202103202	王文华	35	250	56	
5	202103203	卢小文	42	355	68	
6	202103204	钟晓辉	54	342	98	
7	202103205	潘晓思	26	265	125	
8	202103206	李辉华	51	248	138	
9	202103207	李文军	42	268	185	
10	202103208	邓景文	46	189	158	
11	202103209	何思敏	65	198	136	
12	202103210	陈佳慧	34	201	137	
13	202103211	陈文华	48	216	78	
14	202103212	王文军	49	188	87	
15	202103213	李华	38	199	85	
16	202103214	杨梅	34	234	88	

图 2.111　绝对引用公式计算

F3　fx =$C$3+$D$3+$E$3

	A	B	C	D	E	F
1	大学生十月份消费情况调查表					
2	学生学号	姓名	学习用品	食宿及衣物	娱乐	合计
3	202103201	张旭	33	230	89	352
4	202103202	王文华	35	250	56	352
5	202103203	卢小文	42	355	68	352
6	202103204	钟晓辉	54	342	98	352
7	202103205	潘晓思	26	265	125	352
8	202103206	李辉华	51	248	138	352
9	202103207	李文军	42	268	185	352
10	202103208	邓景文	46	189	158	352
11	202103209	何思敏	65	198	136	352
12	202103210	陈佳慧	34	201	137	352
13	202103211	陈文华	48	216	78	352
14	202103212	王文军	49	188	87	352
15	202103213	李华	38	199	85	352
16	202103214	杨梅	34	234	88	352

图 2.112　绝对引用公式计算效果

2．输入引用地址

在定义和使用公式进行数据处理时，很重要的一步操作是输入操作地址，也就是输入引用地址。

WPS 中可以用以下三种方法来输入选取的地址。

方法一：直接输入引用地址。

方法二：用鼠标提取地址。

方法三：利用"折叠"按钮选择单元格区域地址。

1）直接输入引用地址

输入公式时，可以直接输入引用地址。例如，D1 单元格中的数据是 A1、B1 和 C1 单元格的数据之和，可以在 D1 中直接输入"=A1+B1+C1"，按 Enter 键后会自动计算出 D1 单元格中的数值为 17，如图 2.113 所示。

2）用鼠标提取地址

用鼠标提取地址是指当需要用到某个地址时直接用鼠标选择该地址，而不用直接输入地址。例如，D1 单元格中的数据是 A1、B1 和 C1 单元格的数据之和，在 D1 中输入"="后可以用鼠标单击 A1 单元格，这时 D1 中会自动出现 A1 的地址，按照这种方法依次完成后续操作即可，如图 2.114 所示。

图 2.113　直接输入引用地址

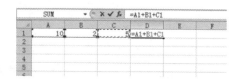

图 2.114　提取地址

3．使用引用

引用的使用分为引用当前工作表中的单元格、引用当前工作簿中其他工作表中的单元格、引用其他工作簿中的单元格和引用交叉区域 4 种情况。

1）引用当前工作表中的单元格

引用当前工作表中的单元格地址的方法是在单元格中直接输入单元格的引用地址。

（1）打开"素材\员工工资表.xlsx"文件，选择单元格 G3。

（2）在编辑栏中输入=D3+E3+F3，如图 2.115 所示，按 Enter 键即可。

2）引用当前工作簿中其他工作表中的单元格

引用当前工作簿中其他工作表中的单元格，进行跨工作表的单元格地址引用。

（1）接上面的操作步骤，单击工资表工作表中的"实发工资"标签。在 Sheet2 工作表中选择单元格 E3，在单元格中输入"="，如图 2.116 所示。

（2）单击"工资表"标签，选择单元格 G3，在编辑栏中输入"-"，如图 2.117 所示。

（3）单击"实发工资"标签，选择工作表中的单元格 D3，按 Enter 键，即可在单元格 E3 中计算出跨工作表单元格引用的数据，如图 2.118 所示。

3）引用其他工作簿中的单元格

引用其他工作簿中的单元格的方法与上面讲述的方法类似，这两类操作的区别仅仅是引用的工作表单元格是不是在同一个工作簿中。对多个工作簿中的单元格数据进行引用时，打开需要用到的每个工作簿中的工作表，在需要引用的工作表中直接选择单元格即可。

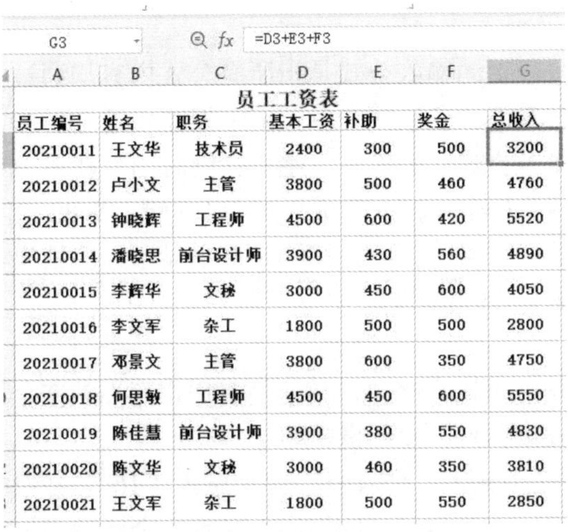

A	B	C	D	E	F	G
员工工资表						
员工编号	姓名	职务	基本工资	补助	奖金	总收入
20210011	王文华	技术员	2400	300	500	3200
20210012	卢小文	主管	3800	500	460	4760
20210013	钟晓辉	工程师	4500	600	420	5520
20210014	潘晓思	前台设计师	3900	430	560	4890
20210015	李辉华	文秘	3000	450	600	4050
20210016	李文军	杂工	1800	500	500	2800
20210017	邓景文	主管	3800	600	350	4750
20210018	何思敏	工程师	4500	450	600	5550
20210019	陈佳慧	前台设计师	3900	380	550	4830
20210020	陈文华	文秘	3000	460	350	3810
20210021	王文军	杂工	1800	500	550	2850

图 2.115　输入公式

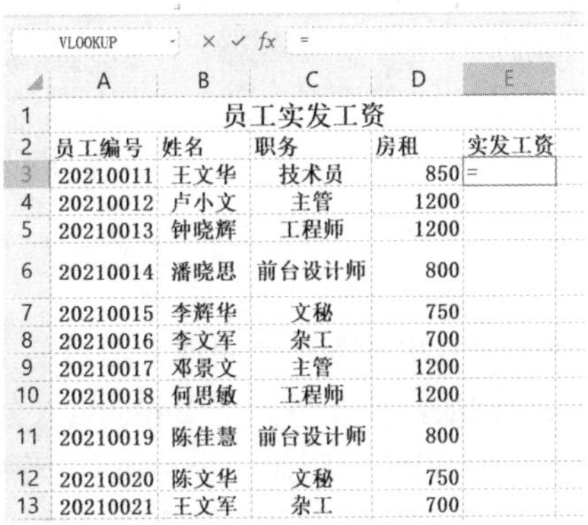

	A	B	C	D	E
1	员工实发工资				
2	员工编号	姓名	职务	房租	实发工资
3	20210011	王文华	技术员	850	=
4	20210012	卢小文	主管	1200	
5	20210013	钟晓辉	工程师	1200	
6	20210014	潘晓思	前台设计师	800	
7	20210015	李辉华	文秘	750	
8	20210016	李文军	杂工	700	
9	20210017	邓景文	主管	1200	
10	20210018	何思敏	工程师	1200	
11	20210019	陈佳慧	前台设计师	800	
12	20210020	陈文华	文秘	750	
13	20210021	王文军	杂工	700	

图 2.116　在单元格中输入“=”

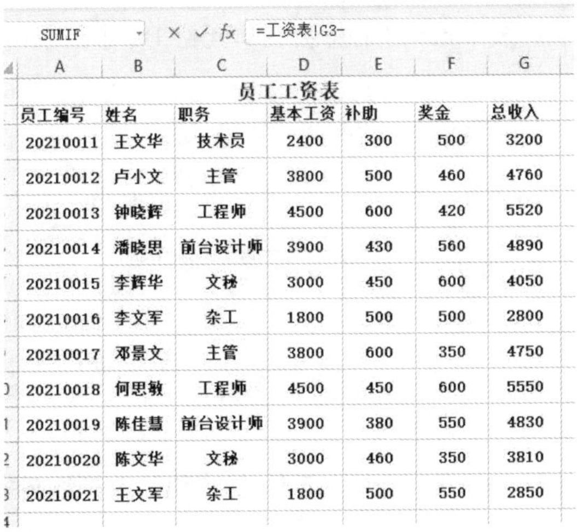

A	B	C	D	E	F	G
员工工资表						
员工编号	姓名	职务	基本工资	补助	奖金	总收入
20210011	王文华	技术员	2400	300	500	3200
20210012	卢小文	主管	3800	500	460	4760
20210013	钟晓辉	工程师	4500	600	420	5520
20210014	潘晓思	前台设计师	3900	430	560	4890
20210015	李辉华	文秘	3000	450	600	4050
20210016	李文军	杂工	1800	500	500	2800
20210017	邓景文	主管	3800	600	350	4750
20210018	何思敏	工程师	4500	450	600	5550
20210019	陈佳慧	前台设计师	3900	380	550	4830
20210020	陈文华	文秘	3000	460	350	3810
20210021	王文军	杂工	1800	500	550	2850

图 2.117　用鼠标单击选择引用单元格

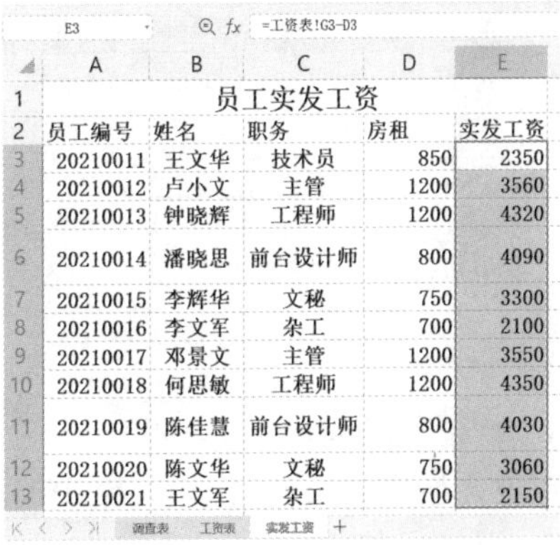

	A	B	C	D	E
1	员工实发工资				
2	员工编号	姓名	职务	房租	实发工资
3	20210011	王文华	技术员	850	2350
4	20210012	卢小文	主管	1200	3560
5	20210013	钟晓辉	工程师	1200	4320
6	20210014	潘晓思	前台设计师	800	4090
7	20210015	李辉华	文秘	750	3300
8	20210016	李文军	杂工	700	2100
9	20210017	邓景文	主管	1200	3550
10	20210018	何思敏	工程师	1200	4350
11	20210019	陈佳慧	前台设计师	800	4030
12	20210020	陈文华	文秘	750	3060
13	20210021	王文军	杂工	700	2150

图 2.118　计算出引用的数据

4）引用交叉区域

在工作表中定义多个单元格区域，或者两个区域之间有交叉的范围，可以使用交叉运算符来引用单元格区域的交叉部分。交叉运算符就是一个空格，也就是将两个单元格区域用一个（或多个）空格分开，就可以得到这两个区域的交叉部分。例如，两个单元格区域 A1:C8 和 C6:E11，它们的相交部分可以表示为“A1:C8 C6:E11”。

2.2.2　公式的应用

公式和函数具有强大的计算功能，能帮助用户分析和处理工作表中的数据。

1. 输入公式

输入公式时，以等号“=”作为开头，用于标识输入的是公式而不是文本。在公式中经常包含算术运算符、常量、变量、单元格地址等。输入公式的方法如下。

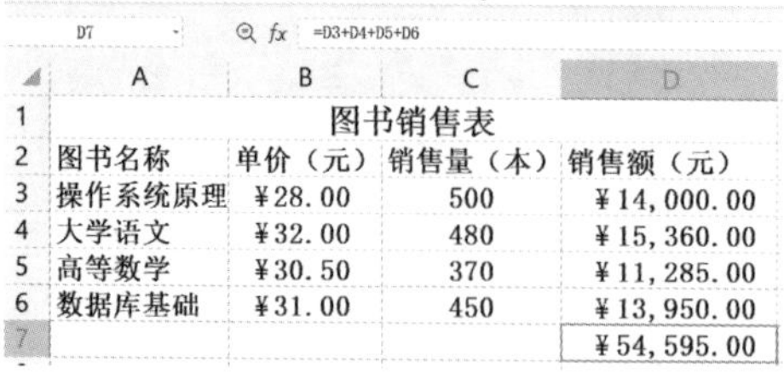

	A	B	C	D
1	图书销售表			
2	图书名称	单价（元）	销售量（本）	销售额（元）
3	操作系统原理	¥28.00	500	¥14,000.00
4	大学语文	¥32.00	480	¥15,360.00
5	高等数学	¥30.50	370	¥11,285.00
6	数据库基础	¥31.00	450	¥13,950.00
7				¥54,595.00

图 2.119　显示计算结果

1）手动输入

手动输入公式是指所有公式内容均通过键盘来输入。在选择的单元格中先输入等号（=），再输入公式。输入时，字符会同时出现在单元格和编辑栏中，输入完成后按 Enter 键，WPS 会自动进行数据计算，并在单元格中显示计算结果，如图 2.119 所示。

2）单击输入

单击输入更加简单、快速，不容易出现问题。可以直接单击单元格引用，而不是完全靠键盘输入。例如，要在单元格 B4 中输入公式“=B2+B3”，操作步骤如下：

（1）在 WPS 中新建一个空白工作簿，在 B2 中输入“15”，在 B3 中输入“16”，并选择单元格 B4，输入等号“=”，单击单元格 B2，此时，B2 单元格的周围会显示一个活动虚框，单元格 B2 地址将被添加到公式中，如图 2.120 所示。

（2）输入加号“+”，实线边框会代替虚线边框，状态栏中会再次出现“输入”字样，单击单元格 B3，将单元格 B3 地址也添加到公式中，按 Enter 键后将会在单元格 B4 中显示出计算结果，如图 2.121 所示。

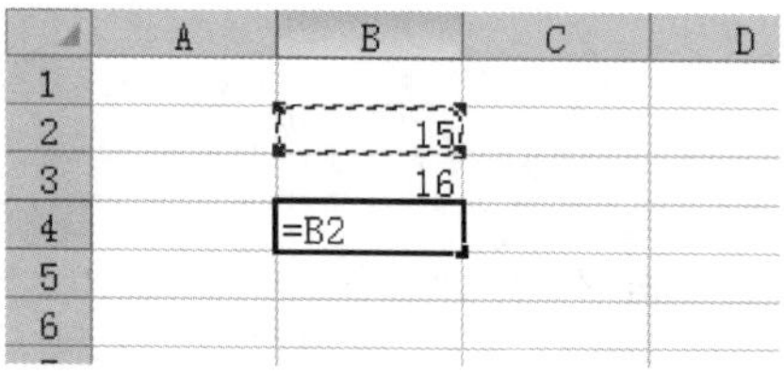

图 2.120　输入公式

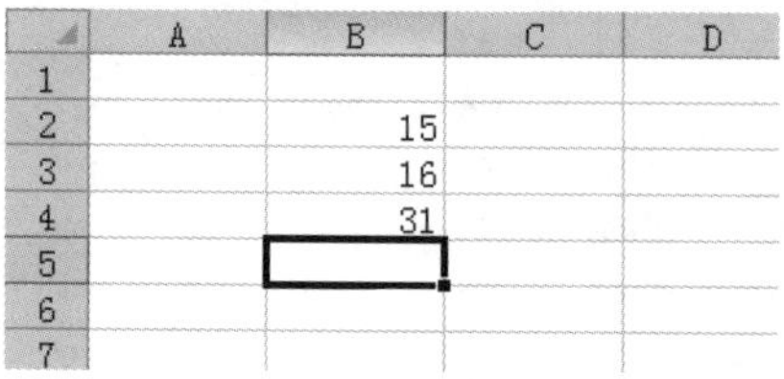

图 2.121　公式计算结果

2. 审核和编辑公式

对单元格中的公式，像单元格中的其他数据一样也可以进行修改、复制和移动等编辑操作。

1）修改公式

如果发现输入的公式有错误，则可以很容易地进行修改，操作步骤如下：

（1）在表格中输入数据和公式，单击包含要修改公式的单元格 B5，如图 2.122 所示。

（2）在编辑栏中直接对公式进行修改，如将“=SUM（B2:B4）/3”改为“=SUM（B2:B4）”。按 Enter 键完成修改，如图 2.123 所示。

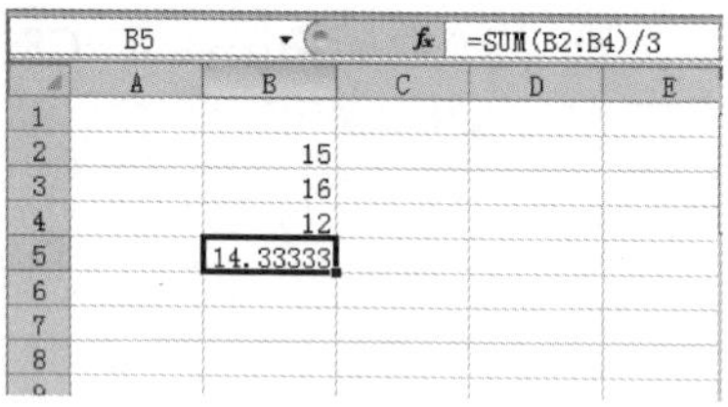

图 2.122　选择单元格 B5

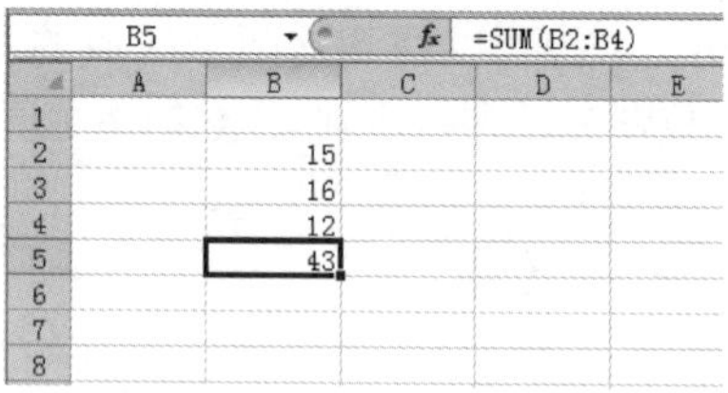

图 2.123　修改公式

2）复制公式

下面介绍如何复制单元格中的公式，操作步骤如下：

（1）在表格中输入数据和公式，单击包含公式的单元格 B5，如图 2.124 所示。

（2）右击，在弹出的快捷菜单中选择"复制"命令（或选择单元格 B5 后按"Ctrl+C"组合键），在 C5 单元格上右击，在弹出的快捷菜单中选择"选择性粘贴"命令，弹出"选择性粘贴"对话框，如图 2.125 所示，选中"公式"单选按钮。

（3）单击"确定"按钮，C5 中显示 6，这样就把 B5 中的公式复制到 C5 单元格中，如图 2.126 所示。

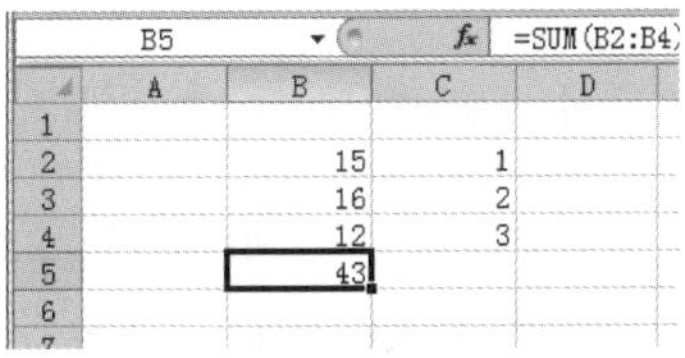

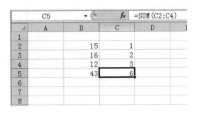

图 2.124　单击单元格 B5

图 2.125　"选择性粘贴"对话框

图 2.126　复制公式

3）移动公式

移动单元格中公式的方法和移动其他对象的方法相似，只需把鼠标指针移动到需要移动公式的单元格边框上，当指针变为十形状时按下鼠标左键，然后拖动到目标位置，松开鼠标左键即可完成公式的移动操作。

3. 显示公式

在默认情况下，WPS 在单元格中只显示公式的计算结果，而不显示公式本身。要显示公式，需选择单元格，在编辑栏中可以看到公式。

（1）打开"素材\WPS 项目素材\XX 学生月消费.xls"文件。

（2）选择单元格 C3，用户就可以在编辑框中看到 C3 单元格中的公式，该公式是"=AVERAGEA (B3:B9)"，它是一个求平均值的函数。

（3）选择单元格 C4，用户就可以在编辑框中看到 C4 单元格中的公式，该公式是"=SUM(B3:B9)/7"，先用 SUM 求和公式计算出结果再除以 7 即可得到所需结果，如图 2.127 所示。

（4）选择单元格 C5，用户就可以在编辑框中看到 C5 单元格中的公式，该公式是"=(B3+B4+B5+B6+B7+B8+B9)/7"，是前面介绍的通过手动输入方法得到的公式，如图 2.128 所示。

图 2.127　查看 C4 单元格公式 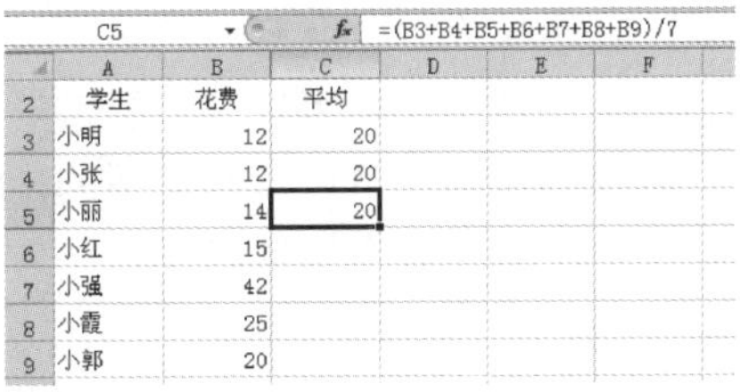　　　　图 2.128　查看 C5 单元格公式

2.2.3　函数的输入与修改

WPS 中所提到的函数其实是一些预定义的公式，它们使用一些被称为参数的特定数值按特定的顺序或结构进行计算。每个函数描述都包括一个语法行，它是一种特殊的公式，所有函数必须以等号"="开始，它是预定义的内置公式，必须按语法的特定顺序进行计算。在 WPS 中内置了十二大类近 400 种函数，用户可以直接调用。

1. 函数的组成

在 WPS 中，一个完整的函数式通常由三部分构成，其格式为：

标识符　函数名称(函数参数)

1）标识符

在单元格中输入计算函数时，必须先输入一个"="，这个"="称为函数的标识符。如果不输入"="，WPS 通常将输入的函数式作为文本处理，不返回运算结果。

2）函数名称

函数标识符后面的英文是函数名称。大多数函数名称是对应英文单词的缩写。有些函数名称则是由多个英文单词（或缩写）组合而成的，如条件求和函数 SUMIF() 是由 SUM 和 IF 组成的。

3）函数参数

函数参数主要有以下几种类型。

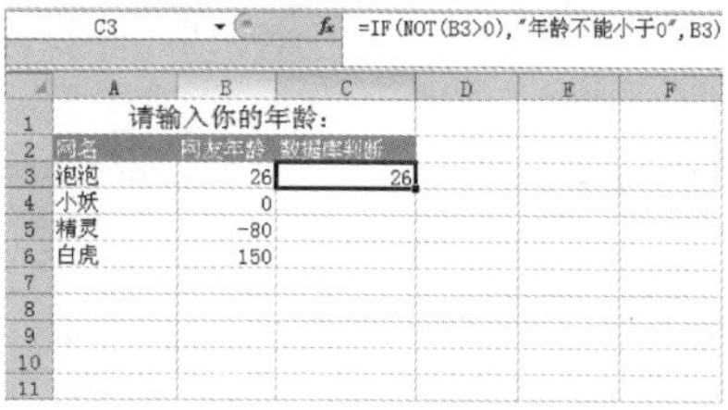

图 2.129　常量参数

（1）常量。常量参数主要包括数值（见图 2.129 中的"26"）、文本（如"办公自动化"）和日期（如"2011-12-12"）等。

（2）逻辑值。逻辑类型数据的值只有真或假两个，所以逻辑值参数包括逻辑真、逻辑假，以及必要的逻辑判断表达式（如单元格 A3 不等于空表示为"A3<>()"）的结果等。

（3）单元格引用。单元格引用参数主要包括单个单元格的引用和单元格区域的引用等，其中单元格区域包括连续的区域，也包括不连续的区域。

（4）名称。如果函数引用的数据均在同一个工作表中，函数参数中可以省略工作表名称，但如果函数使用的单元格数据来自一个工作簿中不同的工作表，则在函数参数中必须加上工作表名称。

（5）其他函数式。用户可以用一个函数式的返回结果作为另一个函数式的参数。对于这种形式的函数式，通常称为函数嵌套。

（6）数组参数。数组参数可以是一组常量（如 2、4、6），也可以是单元格区域的引用。

以上这几种参数大多是可以混合使用的，因此，许多函数都会有不止一个参数，这时，可以用英文状态下的逗号将各个参数隔开。

2. 函数的分类

WPS 提供了丰富的内置函数，单击编辑栏左侧的"插入函数"按钮 f_x，弹出"插入函数"对话框，或者在"公式"选项卡中单击"函数库"组中的"插入函数"按钮 f_x，弹出"插入函数"对话框。在"插入函数"对话框中会显示各类函数，如图 2.130 所示。

3．在工作表中输入函数

在 WPS 中，输入函数的方法有手动输入和使用函数向导输入两种方法。手动输入函数和输入普通的公式一样，在此不再重复说明。使用函数向导输入函数的操作步骤如下：

（1）启动 WPS，新建一个空白文档，在单元格区域内输入如图 2.131 所示的内容。

（2）选择 C1 单元格，在"公式"选项卡中单击"函数库"组中的"插入函数"按钮 f_x，或者单击编辑栏上的"插入函数"按钮 f_x，弹出"插入函数"对话框。在该对话框的"或选择类别"下拉列表中选择"常用函数"，在"选择函数"列表框中选择"MOD"（求余函数），列表框的下方会出现关于该函数功能的简单提示，如图 2.132 所示。

图 2.130　"插入函数"对话框

（3）单击"确定"按钮，弹出"函数参数"对话框，单击"数据"文本框，再单击 B1 单元格，文本框中会显示"B1"，或者直接在"Number"文本框中输入"A1"，然后单击"除数"文本框，在"除数"文本框中输入"C1"，如图 2.133 所示。

（4）单击"确定"按钮即可，选择单元格 C1 时，在编辑栏中会显示公式（函数）"=MOD(A1,B1)"，如图 2.134 所示。

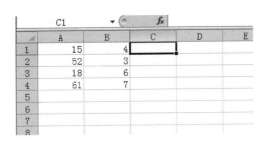

图 2.131　输入内容

图 2.132　"插入函数"对话框

图 2.133　"函数参数"对话框

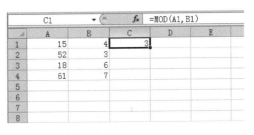

图 2.134　求余数

4. 函数的复制

函数的复制通常有两种情况，即相对复制和绝对复制。

1）相对复制

所谓相对复制，就是将单元格中的函数表达式复制到一个新单元格中，原来函数表达式中相对引用的单元格区域随着新单元格位置的变化而做相应的调整。进行相对复制的操作步骤如下：

（1）打开“素材\WPS 项目素材\公司销售额.xlsx”文件，在单元格 F3 中输入“=SUM(B3:E3)”，如图 2.135 所示，按 Enter 键，计算出“总额”。

（2）选择单元格 F3，按“Ctrl+C”组合键，选择 F4:F7 单元格区域，按“Ctrl+V”组合键，即可将函数复制到目标单元格，计算出其他公司的“总额”，如图 2.136 所示。

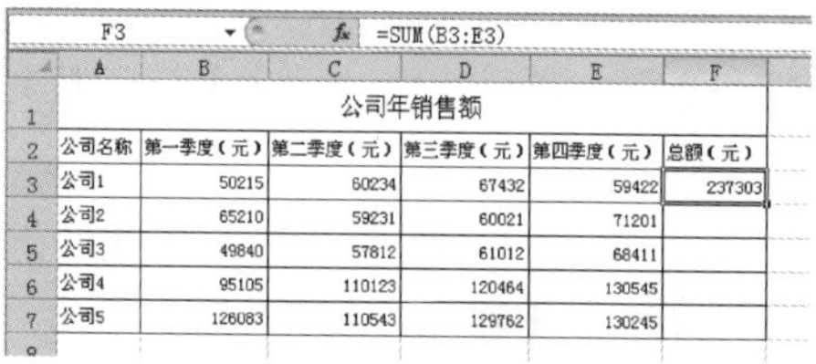

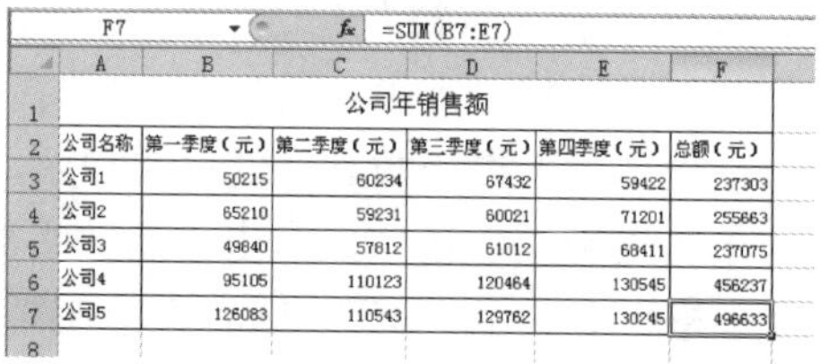

公司年销售额					
公司名称	第一季度（元）	第二季度（元）	第三季度（元）	第四季度（元）	总额（元）
公司1	50215	60234	67432	59422	237303
公司2	65210	59231	60021	71201	
公司3	49840	57812	61012	68411	
公司4	95105	110123	120464	130545	
公司5	126083	110543	129762	130245	

图 2.135 输入公式

公司年销售额					
公司名称	第一季度（元）	第二季度（元）	第三季度（元）	第四季度（元）	总额（元）
公司1	50215	60234	67432	59422	237303
公司2	65210	59231	60021	71201	255663
公司3	49840	57812	61012	68411	237075
公司4	95105	110123	120464	130545	456237
公司5	126083	110543	129762	130245	496633

图 2.136 将函数复制到目标单元格

2）绝对复制

所谓绝对复制，就是将单元格中的函数表达式复制到一个新单元格中，原来函数表达式中绝对引用的单元格区域不随着新单元格位置的变化而做相应的调整。进行绝对复制的操作步骤如下：

（1）打开“素材\WPS 项目素材\公司销售额.xlsx”文件，在单元格 F3 中输入“=SUM($B$3:$E$3)”，如图 2.137 所示，按 Enter 键，计算出“总额”。

（2）选择单元格 F3，按“Ctrl+C”组合键，选择 F4:F7 单元格区域，按“Ctrl+V”组合键，即可将函数复制到目标单元格，如图 2.138 所示，可以看到函数和计算结果并没有改变。

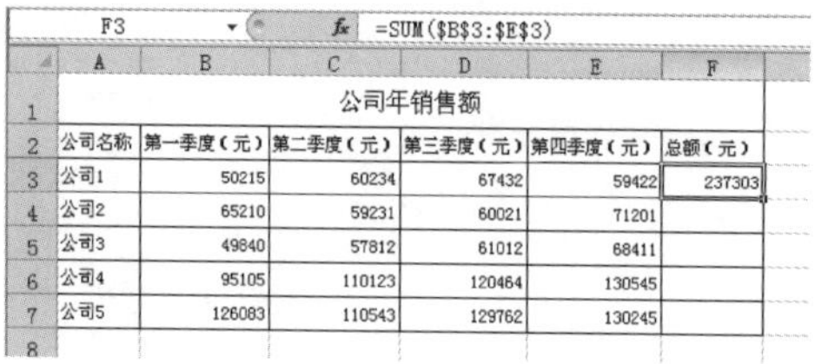

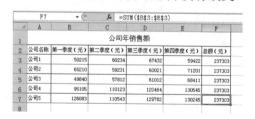

公司年销售额					
公司名称	第一季度（元）	第二季度（元）	第三季度（元）	第四季度（元）	总额（元）
公司1	50215	60234	67432	59422	237303
公司2	65210	59231	60021	71201	
公司3	49840	57812	61012	68411	
公司4	95105	110123	120464	130545	
公司5	126083	110543	129762	130245	

图 2.137 输入公式

公司年销售额					
公司名称	第一季度（元）	第二季度（元）	第三季度（元）	第四季度（元）	总额（元）
公司1	50215	60234	67432	59422	237303
公司2	65210	59231	60021	71201	237303
公司3	49840	57812	61012	68411	237303
公司4	95105	110123	120464	130545	237303
公司5	126083	110543	129762	130245	237303

图 2.138 将函数复制到目标单元格

2.2.4 函数的使用

WPS 将具有特定功能的一组公式组合在一起形成函数。WPS 中的函数都是内置的，每个函数都有其自身特定的功能和语法格式。函数一般由三部分组成：等号、函数名和参数。如“=SUM(C1:G10)”，该公式表示对 C1:G10 单元格区域内所有单元格中的数据求和，其中，SUM 是内置求和函数的名称，C1:G10 表示以 C1 和 G10 为起止的单元格区域。

在 WPS 中，每个函数的应用各不相同。常用的几种函数包括求和、平均值、计数、最大值、最小值、条件统计等。

要在工作表中使用函数，首先要插入函数。选中需要存放函数结果的单元格后，直接单击编辑栏中的 f_x 按钮，或者在"公式"选项卡的"函数库"组中单击"插入函数"按钮，弹出"插入函数"对话框，如图 2.139 所示。在该对话框中，在"或选择类别"下拉列表中选择函数的类别，在"选择函数"列表框中选择函数名称，并且可以在列表框底部查看到该函数的简单说明。下面介绍几种常用的函数。

1. AVERAGE()函数

AVERAGE()函数用于计算参数的算术平均值。其语法格式为：AVERAGE(Number1, Number2,…)。其中，Number1,Number2,…是要计算平均值的1～30个参数。

在如图 2.139 所示的"插入函数"对话框中，选择"或选择类别"为"统计"，"选择函数"为"AVERAGE"，单击"确定"按钮，弹出"函数参数"对话框，如图 2.140 所示。根据该对话框中的提示，完成（数值1）等参数的设置。通过"折叠"按钮，选择需要求平均值的单元格区域，单击"确定"按钮，得到函数运算结果。

图 2.139　"插入函数"对话框

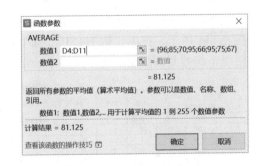

图 2.140　"函数参数"对话框

如图 2.141 所示，在单元格 D13 中，插入 AVERAGE()函数求计算机课程的平均分。与公式填充一样，拖动填充柄可以将函数复制到临近的单元格中，得到各科及总评成绩的平均分。

2. MAX()函数和 MIN()函数

MAX()函数用于计算参数列表中的最大值。其语法格式为：MAX(Number1,Number2,…)。其中，Number1,Number2,…是要计算最大值的1～30个参数。

在如图 2.139 所示的"插入函数"对话框中，选择"或选择类别"为"统计"，"选择函数"为"MAX"，单击"确定"按钮，弹出"函数参数"对话框，如图 2.142 所示。根据该对话框中的提示，完成（数值1）等参数的设置。通过折叠按钮，选择需要求最大值的单元格区域，单击"确定"按钮，得到函数运算结果。

如图 2.143 所示，在单元格 D14 中，插入 MAX()函数求计算机课程的最高分。通过拖动填充柄，可以得到各科及总评成绩的最高分。

	A	B	C	D	E	F	G
1			期中成绩表				
2	各科在总评中所占比例			40%	30%	30%	（按百分比折合）
3	序号	姓名	性别	计算机	数学	英语	总评成绩
4	1	刘明	女	96	88	86	90.6
5	2	李芳	女	85	76	84	82
6	3	张林	男	70	85	88	79.9
7	4	王强	男	95	88	78	87.8
8	5	许志强	男	66	81	88	77.1
9	6	马小云	女	95	87	89	90.8
10	7	文斌	男	75	74	91	79.5
11	8	张红文	男	67	88	83	78.1
12							
13	各科平均分：			81.125	83.375	85.875	83.225

图 2.141　用 AVERAGE() 函数求平均分

图 2.142　"函数参数"对话框

MIN() 函数用于计算参数列表中的最小值，其语法格式和使用方法与 MAX() 函数的基本一致。

3. IF() 函数

IF() 函数用于对数值和公式进行条件检测，即根据逻辑计算的真假值，返回不同结果。其语法格式为：IF(Logical_test,Value_if_true,Value_if_false)。其中，Logical_test 表示计算结果为 TRUE 或 FALSE 的任意值或表达式；Value_if_true 表示 Logical_test 为 TRUE 时返回的值；Value_if_false 表示 Logical_test 为 FALSE 时返回的值。

在如图 2.139 所示的"插入函数"对话框中，选择"或选择类别"为"逻辑"，"选择函数"为"IF"，单击"确定"按钮，弹出"函数参数"对话框。根据该对话框中的提示，完成 Logical_test 等 3 个参数的设置，单击"确定"按钮，得到函数运算结果。

如图 2.144 所示，在单元格 H4 中，插入 IF() 函数对总评成绩判定是否合格。通过拖动填充柄，可以将函数复制到临近的单元格中，结果如图 2.145 所示。

	A	B	C	D	E	F	G
2	各科在总评中所占比例			40%	30%	30%	（按百分比折合）
3	序号	姓名	性别	计算机	数学	英语	总评成绩
4	1	刘明	女	96	88	86	91
5	2	李芳	女	85	76	84	82
6	3	张林	男	70	85	88	80
7	4	王强	男	95	88	78	88
8	5	许志强	男	66	81	88	77
9	6	马小云	女	95	87	89	91
10	7	文斌	男	75	74	91	80
11	8	张红文	男	67	88	83	78
12							
13	各科平均分：			81	83	86	83
14	各科最高分：			96	88	91	91

图 2.143　用 MAX() 函数求最高分

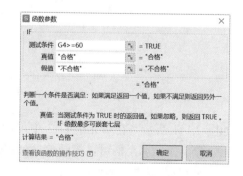

图 2.144　"函数参数"对话框

	A	B	C	D	E	F	G	H
2	各科在总评中所占比例			40%	30%	30%	（按百分比折合）	
3	序号	姓名	性别	计算机	数学	英语	总评成绩	成绩判定
4	1	刘明	女	96	88	86	90.6	合格
5	2	李芳	女	85	76	84	82	合格
6	3	张林	男	70	85	88	79.9	合格
7	4	王强	男	95	88	78	87.8	合格
8	5	许志强	男	66	81	88	77.1	合格
9	6	马小云	女	95	87	89	90.8	合格
10	7	文斌	男	75	74	91	79.5	合格
11	8	张红文	男	67	88	83	78.1	合格

图 2.145　用 IF() 函数对总评成绩进行判定的结果

4. COUNT()函数和 COUNTIF()函数

COUNT() 函数用于在 WPS 中计算参数列表中的数字项的个数。其语法格式为：COUNT(Value1,Value2,…)。其中，Value1,Value2,…是包含或引用各种类型数据的 1~30 个参数。COUNT()函数在计数时，将把数字、空值、逻辑值、日期或以文字代表的数计算进去；但是错误值或其他无法转换成数字的文字则被忽略。

COUNTIF() 函数用于计算区域内满足给定条件的单元格的个数。其语法格式为：COUNTIF(Range,Criteria)。其中，Range（区域）为需要计算其中满足条件的单元格数目的单元格区域；Criteria（条件）为确定哪些单元格将被计算在内的条件，其形式可以为数字、表达式或文本。

在如图 2.139 所示的"插入函数"对话框中，选择"或选择类别"为"统计"，"选择函数"为"COUNTIF"，单击"确定"按钮，弹出"函数参数"对话框，如图 2.146 所示。根据该对话框中的提示，完成区域、条件参数的设置，单击"确定"按钮，得到函数运算结果。

图 2.146 "函数参数"对话框

如图 2.147 所示，在单元格 D15 中，插入 COUNTIF()函数求总评成绩不合格（即低于 60 分）的人数。在单元格 G15 中，先输入"D15/"，再插入 COUNT()函数计算总评成绩的有效人数。在该单元格中，最终形成"=D15/COUNT(G4:G11)*100&"%""的公式，用于计算总评成绩不及格率。

序号	姓名	性别	计算机	数学	英语	总评成绩
			40%	30%	30%	（按百分比折合）
1	刘明	女	96	80	88	88.8
2	李芳	女	85	98	72	85
3	张林	男	70	90	65	74.5
4	王强	男	95	78	80	85.4
5	许志强	男	60	57	70	62.1
6	马小云	女	98	84	90	91.4
7	文斌	男	75	56	78	70.2
8	张红文	男	67	45	50	55.3
总评不及格人数			1	总评不及格率		12.5%

图 2.147 用 COUNTIF()函数和 COUNT()函数求总评成绩不及格率

WPS 中每个函数的分类、语法格式、函数功能都不同。在使用时，要注意各种对话框中不同位置的提示，这对于用户灵活使用数量繁多的 WPS 函数帮助极大。

5. 常用电子表格函数使用示例表

常用电子表格函数使用示例表如表 2.1 所示。

表 2.1　常用电子表格函数使用示例表

函　　数	功　　能	举　　例
SUM()	求和	SUM(A1:A10)
AVERAGE()	求平均值	AVERAGE (A1:A10)
MAX()	求最大值	MAX (A1:A10)
MIN()	求最小值	MIN (A1:A10)
INT()	取整	INT(A1)
ROUND()	四舍五入	ROUND(A1,2)
LEFT()	从字符串左边开始截取字符	LEFT(B1,4)
RIGHT()	从字符串右边开始截取字符	RIGHT(B1,4)
MID()	从字符串指定位置截取指定长度的字符	MID(B1,4,2)
NOW()	返回当前的日期和时间	NOW()
TODAY()	返回当前日期	TODAY()
YEAR()	返回日期的年份	YEAR("2015-01-01")
MONTH()	返回日期的月份	MONTH("2015-01-01")
DAY()	返回日期的日	DAY("2015-01-01")
WEEKDAY()	返回日期对应的星期中的第几天	WEEKDAY("2015-01-01")
HOUR()	返回时间的小时	HOUR("10:14:20")
MINUTE()	返回时间的分	MINUTE("10:14:20")
SECOND()	返回时间的秒	SECOND("10:14:20")
COUNT()	计数	COUNT(B2:B10)
IF()	条件	IF(B2>=60,"及格","不及格")
SUMIF()	条件求和	SUMIF(C2:C12,">=80",F2:F12)
COUNTIF()	条件计数	COUNTIF(C2:C12,">=60")
CONCATENATE()	合并字符串函数	CONCATENATE(C2,D2)
RANK()	名次排位	RANK(A1,$A$1:$A$5,0)
PMT()	求分期付款额，求房贷、车贷月供	PMT(D8,D9*12,−(D7−D6),0,0)
FV()	求存款收益	FV(G6,G7,I8,G8,0)
VLOOKUP()	查找函数	VLOOKUP(D3,各商品进价售价明细表!A3:D7,2,0)

➡ **任务实施**

本任务的关键操作步骤如下：

（1）打开"素材/成绩表计算.xlsx"文件，如图 2.148 所示，通过函数求出总分、平均分、最高分、名次。

单击"开始"选项卡中的 Σ求和 按钮，按照如图 2.149 和图 2.150 所示，求总分、平均分、最高分及名次。

（2）通过函数判断是否合格，即总分高于 500 分的为合格，否则为不合格。通过函数求奖学金，570 分以上的奖学金为 5000 元，560～570 分的奖学金为 3000 元，550～560 分的奖学金为 1000 元，不到 550 分的没有奖学金。

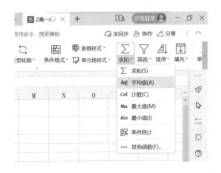

图 2.148 学生成绩表计算

图 2.149 求总分、平均分、最高分

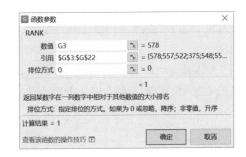

图 2.150 求名次

如图 2.151 所示，通过 IF()函数求合格等级；单击 J3 单元格，通过 IF()嵌套函数求奖学金，具体操作如图 2.152 所示。

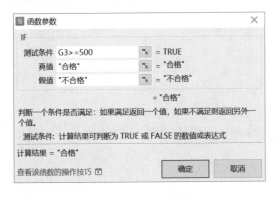

图 2.151 IF()函数

图 2.152 IF()嵌套函数

（3）在最后一列加一列"加分"，并通过函数来计算加分，第一名加 10 分，前五名加 5 分，倒数的五名扣 5 分，中间的不给分。

添加一列，单击 K3 单元格，通过 IF()嵌套函数"=IF(H3=1,10,IF(H3<=5,5,IF(H3<=15,0,-5)))"来实现。

（4）给各科分数加颜色，130 分以上的为文本红色，90 分以下的为底纹黄色。

选择数据区域 B3:F22，单击"开始"选项卡中的"条件格式"按钮，在弹出的下拉列表中选择"突出显示单元格规则"→"大于"命令，在弹出的"大于"对话框中，设置 130 分以上的单元格显示红色文本，如图 2.153 和图 2.154 所示。

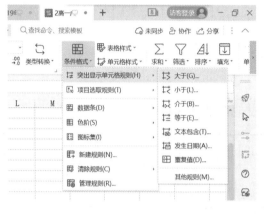

图 2.153　单击"条件格式"按钮

图 2.154　"大于"对话框

（5）打开"素材/成绩表计算.xlsx"文件，如图 2.148 所示，通过函数求总分、平均分、最高分及名次。

如图 2.155 所示，单击 B25 单元格，通过 COUNTIF()函数求成绩不合格的人数，如图 2.156 所示，单击 C26 单元格，通过 SUMIF()函数求成绩合格的体育成绩总和。

图 2.155　条件统计

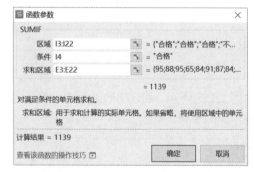

图 2.156　条件求和

任务小结

通过"学生成绩表"的制作，让学生掌握 WPS 电子表格的计算，以及公式和主要函数的使用方法。

任务 3　"长沙市宏达建材公司总销售订单表"数据统计

➡ 任务提出

表格的数据统计是公司日常数据汇总工作中非常普遍的操作，通过对"长沙市宏达建材公司总销售订单表"数据统计的操作，让学生掌握对日常表格数据的统计。

➡ 任务要求及分析

1. 任务要求

（1）打开素材库中的"长沙市宏达建材公司总销售订单表.xls"，新建 7 个工作表，并重命名为"查找替换""排序""分类汇总""合并计算""筛选""数据透视表""图表"，最终效果图如图 2.157 所示。复制该总销售订单表中的数据表格到新的工作表中。

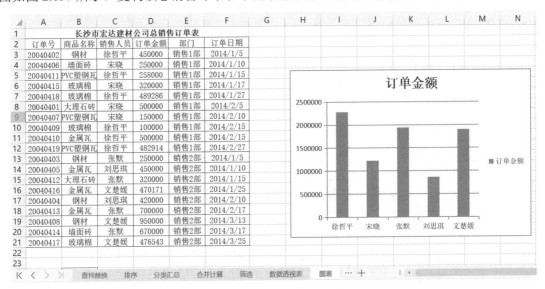

图 2.157　最终效果图

（2）在"查找替换"工作表中查找"宋晓"的数据，并将"宋晓"全部改为"宋晓平"。

（3）在"排序"工作表中按照"部门"的"订单日期"进行排序。

（4）在"分类汇总"工作表中以"部门"为分类字段，"金额"为求和项进行分类汇总，比较哪个部门创收更高。

（5）在"合并计算"工作表中通过合并计算比较哪类商品订单金额最高，结果从 B24 单元格开始显示，并给出排名。

（6）在"筛选"工作表中通过条件格式将时间为 2014 年 2 月的日期变成红色。通过"自定义筛选"筛选出销售 2 部 2014 年 3 月的数据，通过"高级筛选"筛选出钢材订单金额大于 500000 元的数据。

（7）在"数据透视表"工作表中建立数据透视表，要求以部门为分页、商品名称为行、销售人员为列来分析比较销售人员销售了哪些商品，以及各销售订单的金额总量情况。

（8）在"图表"工作表中通过"合并计算"计算出各销售人员的订单总额，并建立柱形图表，以直观地比较各销售人员的销售业绩。

2．任务分析

将数据表格的统计与分析应用于工程表格中是非常普遍的，因此，需要掌握以下技能：

（1）对 WPS 数据区域进行查找替换的操作。

（2）对 WPS 数据区域进行排序、分类汇总以及合并计算的操作。

（3）通过统计函数对 WPS 数据区域进行筛选以及对数据透视表进行分析的操作。

（4）通过函数对数据区域建立简单的图表来直观对比的操作。

➲ 相关知识点

2.3.1 排序

数据排序是指按一定规则对数据记录进行整理、排列，以便为数据的进一步处理做好准备。WPS 2019 提供了多种方法对数据进行排序。

1．按单列内容排序

先选中要排序的列中任意一个单元格，然后单击"开始"选项卡的"编辑"组中的"排序"按钮，在弹出的下拉列表中选择"升序"或"降序"命令，也可以单击"数据"选项卡的"排序和筛选"组中的"排序"按钮来完成排序。如图 2.158 所示，按"姓名"排序的依据是各个姓名拼音字符串的字母先后顺序。

序号	姓名	性别	计算机	数学	英语	总分
			期中成绩表			
1	刘明	女	96	88	86	270
2	李芳	女	85	76	84	245
3	张林	男	70	85	88	243
4	王强	男	95	88	78	261
5	许志强	男	66	81	88	235
6	马小云	女	95	87	89	271
7	文斌	男	75	74	91	240
8	张红文	男	67	88	83	238

图 2.158 按单列内容排序

2．按多列内容排序

先选中要排序的多列数据中的任意一个单元格，然后单击"数据"选项卡的"排序和筛选"组中的"排序"按钮，在弹出的"排序"对话框中，"添加条件"和"删除条件"按钮分别用来添加和删除排序条件。以图 2.158 中的数据为例，分别设置"主要关键字"和两个"次要关键字"为排序条件，各个条件按照前后顺序依次优先，如图 2.159 所示。在排序时，如果"性别"相等，则按"计算机"的数值大小排序，依此类推。

在"排序"对话框中单击"选项"按钮，弹出"排序选项"对话框，如图 2.160 所示，可以对排序方向、方法及是否区分大小写进行设置。

图 2.159　"排序"对话框　　　　　图 2.160　"排序选项"对话框

2.3.2　筛选

数据录入完成后，用户通常需要从中查找和分析满足特定条件的记录，而筛选就是一种用于快速查找数据记录的方法。经过筛选后的数据表只显示标题行及满足指定条件的数据行，以供用户浏览、分析。在 WPS 中，提供了自动筛选和高级筛选两种筛选方式。

1. 自动筛选

自动筛选为用户提供了在具有大量记录的数据表中快速查找符合某种条件的记录的功能。

使用自动筛选功能筛选记录时，单击"数据"选项卡的"排序和筛选"组中的"自动筛选"按钮，标题行中的各个字段名称将变成一个下拉列按钮的框名，如图 2.161 所示。单击任意一个字段名后面的下三角按钮，将显示该列中所有数据的筛选清单，如图 2.162 所示。选择其中一个，可以立即隐藏所有不包含选定值或不符合"数字筛选"条件的行。如果在"筛选清单"对话框中勾选"全选"复选框，单击"确定"按钮，则可以取消对该字段的筛选操作。

图 2.161　自动筛选　　　　　图 2.162　"筛选清单"对话框

单击已选中的"筛选"按钮，可以退出自动筛选状态，显示数据表中的所有记录。

2. 高级筛选

高级筛选是指以指定区域为条件的筛选操作。使用高级筛选功能的操作步骤如下：

（1）建立一个筛选条件区域，用来指定数据所要满足的筛选条件。条件区域的第一行为所有作为筛选条件的字段名，这些字段名与原始数据表中的字段名必须完全一致。条件区域的第二行为指定的条件。如图 2.163 所示，条件区域描述的含义为"总分>=250 且计算机>90"。

（2）单击"数据"选项卡的"排序和筛选"组中的"筛选"按钮，在弹出的下拉列表中选择"高级筛选"命令，弹出"高级筛选"对话框，"列表区域"用来选择原数据表中需要进行筛选的数据所在的单元格区域。选择"列表区域"和"条件区域"后，如图 2.164 所示，单击"确定"按钮即可完成筛选操作。

	A	B	C	D	E	F	G
1				期中成绩表			
2	序号	姓名	性别	计算机	数学	英语	总分
3	1	刘明	女	96	88	86	270
4	2	李芳	女	85	76	84	245
5	3	张林	男	70	85	88	243
6	4	王强	男	95	88	78	261
7	5	许志强	男	66	81	88	235
8	6	马小云	女	95	87	89	271
9	7	文斌	男	75	74	91	240
10	8	张红文	男	67	88	83	238
11							
12		总分	计算机				
13		>=250	>=90				

图 2.163 "高级筛选"条件区域

图 2.164 "高级筛选"对话框

筛选后如图 2.165 所示，数据区域中仅剩下标题行和满足筛选条件的数据记录。

14							
15	序号	姓名	性别	计算机	数学	英语	总分
16	1	刘明	女	96	88	86	270
17	4	王强	男	95	88	78	261
18	6	马小云	女	95	87	89	271
19							

图 2.165 筛选结果

单击"清除"按钮，可以清除所有筛选结果，显示数据表中的所有记录。

2.3.3 分类汇总

分类汇总是对数据表进行统计分析的一种方法。分类汇总对数据表中指定的字段进行分类，然后对同一类记录的有关信息进行汇总、分析。汇总的方式可以由用户指定，可以统计同一类记录的记录条数，也可以对某些数值段求和、求平均值、求最大值等。

要对数据表进行分类汇总，就要求数据表中的每列都有列标题，同时，要求汇总前数据表必须先完成排序。

以图 2.158 中的数据为例，在完成"性别"字段排序的基础上，实现分类汇总的操作步骤如下：

（1）从第二行开始选中数据区域，先按照性别排序，如图 2.166 和图 2.167 所示。

（2）单击"数据"选项卡的"分级显示"组中的"分类汇总"按钮，弹出如图 2.168 所示的"分类汇总"对话框，其中，"分类字段"表示分类的条件依据，"汇总方式"表示对汇总项进行统计的方式，"选定汇总项"表示需要进行汇总统计的数据项。

在该对话框的"分类字段"中选择"性别"，在"汇总方式"中选择"平均值"，在"选定汇总项"中勾选"总分"复选框，单击"确定"按钮即可。汇总后的结果如图 2.169 所示。

图 2.167 所示的表格中的数据

序号	姓名	性别	计算机	数学	英语	总分
			期中成绩表			
3	张林	男	70	85	88	243
4	王强	男	95	88	78	261
5	许志强	男	66	81	88	235
7	文斌	男	75	74	91	240
8	张红文	男	67	88	83	238
1	刘明	女	96	88	86	270
2	李芳	女	85	76	84	245
6	马小云	女	95	87	89	271

图 2.166 按照性别排序 图 2.167 排序后的数据

图 2.168 "分类汇总"对话框

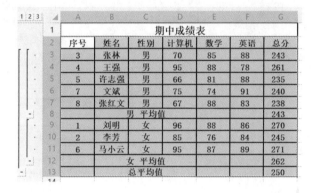

图 2.169 分类汇总结果

在如图 2.169 所示的分类汇总结果中，在表格的左上角有"1""2""3"三个数字按钮，称为"分级显示级别按钮"，单击这些按钮可以分级显示汇总结果；表格左侧的"+"按钮是显示明细数据按钮，单击该按钮可显示该按钮所包含的明细数据，并切换到"−"按钮；"−"按钮是隐藏明细数据按钮，单击该按钮可隐藏该按钮上部中括号所包含的明细数据，并切换到"+"按钮。

在含有分类汇总的数据表区域中，单击任意一个单元格，在"数据"选项卡的"分级显示"组中单击"分类汇总"按钮，在弹出的"分类汇总"对话框中单击"全部删除"按钮即可消除分类汇总的结果。

2.3.4 数据透视表

数据透视表是一种对大量数据快速汇总和建立交叉列表的交互式 WPS 报表。数据透视表不仅可以转换行和列以查看源数据的不同汇总结果，也可以显示不同页面以筛选数据，还可以根据需要显示区域中的细节数据。源数据可以来自于 WPS 数据区域、外部数据库或多维数据集，或者另一张数据透视表。

下面以图 2.158 中的数据为例，讲解创建数据透视表的具体操作过程。

（1）选中存放结果区域中的任意单元格。

（2）选择数据来源。单击"插入"选项卡的"表格"组中的"数据透视表"按钮，弹出"创建数据透视表"对话框。在该对话框中选中"请选择单元格区域"单选按钮，并设置表/区域的内容为整个数据区域。选中"现有工作表"单选按钮，并指定"位置"为工作表中的一个

$A$2:$G$10 区域，如图 2.170 所示，单击“确定”按钮。

（3）设置数据透视表的布局。如图 2.171 所示，在“数据透视表”窗格中，将“姓名”拖至“行”标签中，将“性别”拖至“列”标签中，将“平均值项:总分”拖至“值”中，并单击下拉箭头将“值字段设置”中的“计算类型”设置为“最大值”。

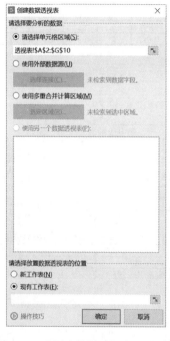

图 2.170 “创建数据透视表”对话框

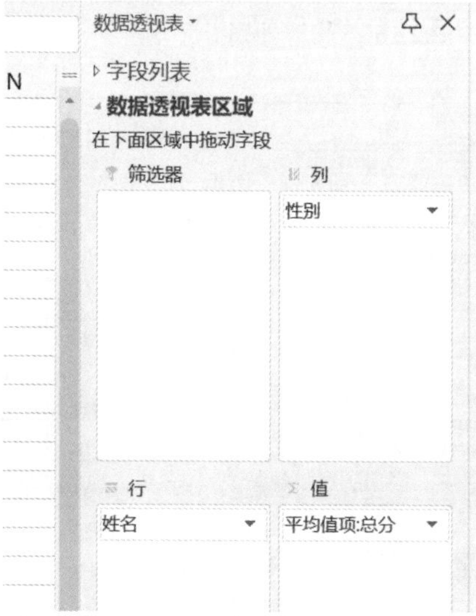

图 2.171 “数据透视表”窗格

（4）设置完成后，显示如图 2.172 所示的透视表。单击表中“行标签”和“列标签”后面的下三角按钮，可选择隐藏或显示某些满足条件的字段值，值字段的设置如图 2.173 所示。

数据透视表			
平均值项:总分	性别		
姓名	男	女	总计
李芳		245	245
刘明		270	270
马小云		271	271
王强	261		261
文斌	240		240
许志强	235		235
张红文	238		238
张林	243		243
总计	243.4	262	250.375

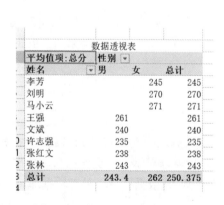

图 2.172 数据透视表显示结果

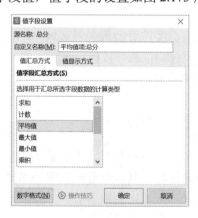

图 2.173 “值字段设置”对话框

之所以称为数据透视表，是因为可以动态地改变它们的版面布置，以便按照不同方式分析数据，也可以重新安排行标签、列标签和值字段。每次改变版面布置时，数据透视表都会立即按照新的布置重新计算数据。另外，如果更改原始数据，数据透视表中的数据会随之更新。

2.3.5　图表

世界是丰富多彩的，几乎所有知识都来自视觉。也许用户无法记住一连串的数字，以及数字之间的关系和趋势，但是可以很轻松地记住一幅图或者一条曲线。

图表是指将工作表中的数据用图形表示出来。使用图表可以方便地对数据进行查看，并对数据进行对比和分析。

1.　柱形图表

以图 2.158 中的数据为例，创建柱形图表的操作步骤如下：

（1）单击非数据区域的任意单元格。选择"插入"选项卡，单击"全部图表"下拉按钮，如图 2.174 所示，在弹出的下拉列表中选择"全部图表"命令，弹出如图 2.175 所示的下拉列表，选择"柱形图"。

（2）可以通过"快速布局"按钮来设置一个满足需求的布局图和样式图，具体操作如图 2.176 和图 2.177 所示。

图表可以用来表现数据间的某种相对关系。在通常情况下，一般采用柱形图比较数据间的多少关系，用折线图反映数据间的趋势关系，用饼图表现数据间的比例分配关系。本例中选择的是"柱形图"中的"簇状圆柱图"。

图 2.174　插入图表

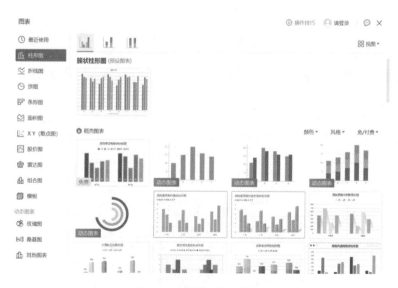

图 2.175　选择"柱形图"

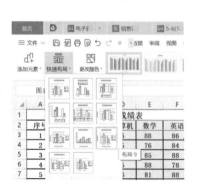

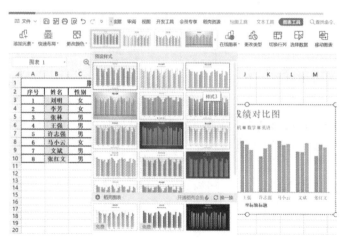

图 2.176 "快速布局"按钮　　　　　　　　　　　　图 2.177 预设样式

（3）单击"图表工具"选项卡的"数据"组中的"选择数据"按钮，弹出如图 2.178 所示的对话框，可以添加、编辑和删除数据源。

（4）单击"确定"按钮，最终效果图如图 2.179 所示。

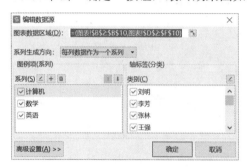

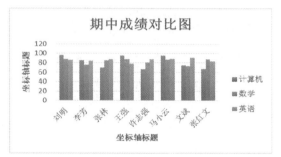

图 2.178 "编辑数据源"对话框　　　　　　　图 2.179 柱形图表最终效果图

2. 折线图表

折线图表通常用来描绘连续的数据，可以反映数据变化趋势。折线图表的分类轴显示相等的间隔。以图 2.158 中的数据为例，创建折线图表的操作步骤如下：

（1）打开"素材\期中考试.xlsx"文件，在按住 Ctrl 键的同时选择姓名、计算机、数学、英语这些不连续的数据区域，如图 2.180 所示。

（2）单击"插入"选项卡的"图表"组中的"折线图"按钮，在弹出的下拉列表中选择"折线图"，如图 2.181 所示。

期中成绩表						
序号	姓名	性别	计算机	数学	英语	总分
1	刘明	女	96	88	86	270
2	李芳	女	85	76	84	245
3	张林	男	70	85	88	243
4	王强	男	95	88	78	261
5	许志强	男	66	81	88	235
6	马小云	女	95	87	89	271
7	文斌	男	75	74	91	240
8	张红文	男	67	88	83	238

图 2.180 选择不连续数据区域

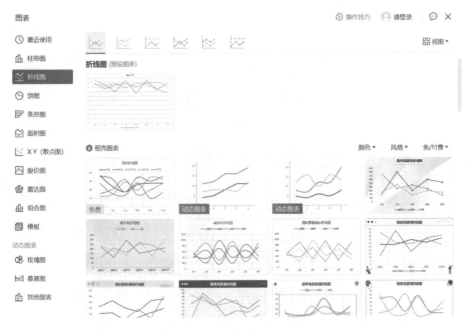

图 2.181　选择"折线图"

（3）在当前工作表中创建一个折线图表。

（4）如图 2.182 所示，在快速布局样式中选择"布局 10"，在弹出的下拉列表中选择"图表上方"命令，然后将标题命名为"期中考试成绩对比图"，修改坐标轴名称，最终效果图如图 2.183 所示。

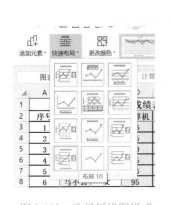

图 2.182　选择折线图样式

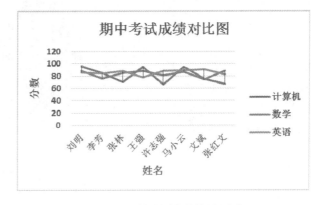

图 2.183　折线图表最终效果图

3. 饼形图表

饼形图表是把一个圆面划分为若干个扇形面，用每个扇形面来对应表示数据值。饼形图表适用于显示数据系列中每项占该系列总值的百分比。下面以图 2.158 中的数据为例，创建饼形图表的操作步骤如下：

（1）打开"素材\期中考试.xlsx"文件，在按住 Ctrl 键的同时选择姓名、计算机这两列数据区域。

（2）在"插入"选项卡中单击"图表"组中的"饼图"按钮，在弹出的下拉列表中选择"饼图"，如图 2.184 所示。

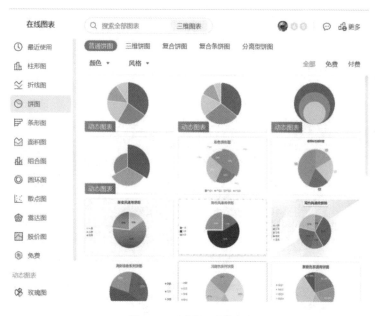

图 2.184　选择"饼图"

（3）在当前快速布局样式中选择"布局 6"，如图 2.185 所示，输入图表标题。

（4）最终效果图如图 2.186 所示。

图 2.185　选择饼图样式

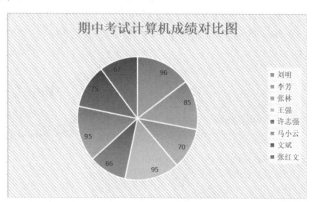

图 2.186　饼图最终效果图

4. 条形图表

条形图表类似于柱形图表，可以把条形图表看成柱形图表旋转后的图表。条形图表主要强调各个数据项之间的差别。与柱形图表相比，条形图表的标签更符合人们的使用习惯，便于阅读。以图 2.158 中的数据为例，创建条形图表的操作步骤如下：

（1）打开"素材\期中考试.xlsx"文件，在按住 Ctrl 键的同时选择姓名、计算机、数学、英语这些不连续的数据区域。

（2）在"插入"选项卡中单击"图表"组中的"饼图"按钮，在弹出的下拉列表中选择"条形图"，如图 2.187 所示。

（3）在当前快速布局样式中选择"布局 6"，如图 2.188 所示，输入图表标题，修改横坐标轴标题，最终效果图如图 2.189 所示。

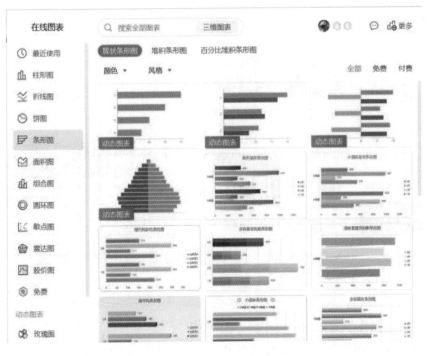

图 2.187 选择"条形图"

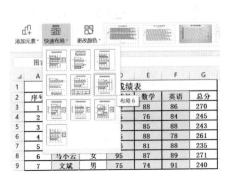

图 2.188 条形图快速布局样式

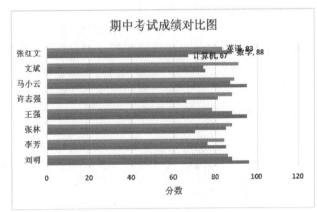

图 2.189 条形图表最终效果图

5. 面积图表

面积图表与折线图表有些类似，均是用线段把一系列的数据连接起来，只是面积图表将每条连线以下区域用颜色填充，以便用面积来表示数据的变化。面积图表可以说明部分与整体的关系，也用于预测数据走势。

（1）打开"素材\期中考试.xlsx"文件，在按住 Ctrl 键的同时选择姓名、计算机、数学、英语这些不连续的数据区域。

（2）在"插入"选项卡中单击"图表"组中的"面积图"按钮，在弹出的下拉列表中选择面积图表类型，如图 2.190 所示。

（3）最终面积图表效果图如图 2.191 所示。

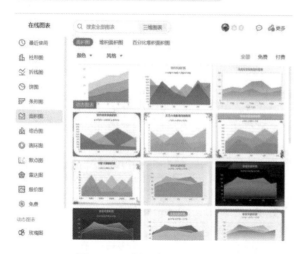

图 2.190　选择面积图表类型

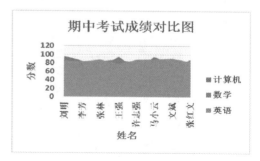

图 2.191　面积图表最终效果图

任务实施

本任务的关键操作步骤如下：

（1）打开素材库中的"长沙市宏达建材公司总销售订单表.xls"，新建 7 个工作表，并重命名为"查找替换""排序""分类汇总""合并计算""筛选""数据透视表""图表"。复制该总销售订单表中的数据表格到新的工作表中。

在工作表名称上右击，完成工作表的新建和重命名。

（2）在"查找替换"工作表中查找"宋晓"的数据，并将"宋晓"全部改为"宋晓平"。

使用快捷键"Ctrl+F"，在弹出的对话框中输入查找内容和替换内容，进行全部替换。

（3）在"排序"时按照"部门"的"订单日期"进行排序。

按照图 2.192 进行排序设置。

图 2.192　"排序"对话框

（4）在"分类汇总"工作表中以"部门"为分类字段，"金额"为求和项进行分类汇总，比较哪个部门创收更高。

选择数据区域，单击"数据"选项卡中的"分类汇总"按钮，在如图 2.193 所示的对话框中进行相关设置。

（5）在"合并计算"工作表中通过"合并计算"比较哪类商品订单金额最高，结果从 B24 单元格开始显示，并给出排名。

先将销售人员和订单金额两列复制到空白单元格，如图 2.194 所示，然后单击 B24 空白单元格，在"数据"选项卡中单击"合并计算"按钮，将合并计算区域设置为复制出来的两列，具体设置如图 2.195 所示，单击"确定"按钮，最终效果图如图 2.196 所示。

图 2.193　"分类汇总"对话框

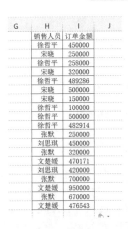

图 2.194　复制销售情况列

图 2.195　"合并计算"对话框

图 2.196　最终效果图

（6）在"筛选"工作表中通过"条件格式"将时间为 2014 年 2 月的日期变成红色。通过"自定义筛选"筛选出销售 2 部 2014 年 3 月的数据，通过"高级筛选"筛选出钢材订单金额大于 500000 元的数据。

自定义筛选：选择数据区域，销售部门选择销售 2 部，订单日期选择 3 月，如图 2.197 所示。高级筛选：设置条件区域，如图 2.198 所示，高级筛选的设置如图 2.199 所示，筛选结果如图 2.200 所示。

图 2.197　自定义筛选

图 2.198　条件区域

订单号	商品名称	订单金额	销售人员	部门	订单日期
20040408	钢材	950000	文楚媛	销售2部	2014/3/13

图 2.199 "高级筛选"对话框   图 2.200 筛选结果

（7）在"数据透视表"工作表中建立数据透视表，要求以部门为分页、商品名称为行、销售人员为列来分析比较销售人员销售了哪些商品，以及各销售订单的金额总量情况。

选择数据区域，插入菜单，单击数据透视表，新建数据透视表，在"数据透视表"窗格中的设置如图 2.201 所示，最终效果图如图 2.202 所示。

图 2.201 "数据透视表"窗格   图 2.202 数据透视表最终效果图

（8）在"图表"工作表中通过"合并计算"计算出各销售人员的订单总额，并建立柱形图表，以直观地比较销售人员的销售业绩。

将销售人员和订单金额两列复制到空白单元格，如图 2.203 所示，通过"合并计算"计算出各销售人员的订单总额，合并计算的设置和结果如图 2.204 和图 2.205 所示。选择数据，插入图表，选择柱形图，效果图如图 2.206 所示。

图 2.203 复制数据区域   图 2.204 合并计算的设置   图 2.205 合并计算结果

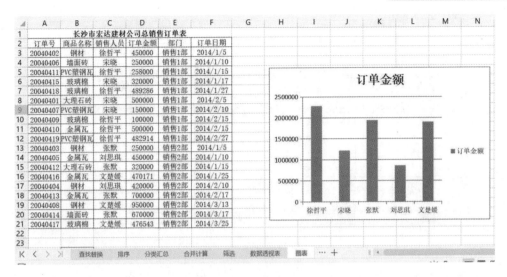

图 2.206　效果图

任务小结

通过对本任务的学习，让学生掌握 WPS 电子表格的数据统计和分析方法，以及图表的应用。

项目拓展练习

练习 1. 通过 Word 表格和 WPS 制作如图 2.207 所示的课程表，将文件分别保存为"课表.docx"和"课表.xlsx"。

课　表

周次 ＼ 时间	第一二节	第三四节	第五六节	第七八节
星期一	计算机应用	高等数学	工程制图	
星期二		大学语文		
星期三			大学英语	
星期四				
星期五				
星期六				

图 2.207　课程表表格

练习 2. 打开 Excel 素材文件夹中的"基本输入.jpg"图片，在 WPS 中输入如图 2.208 所示的表格。

要求：字号为 10 号，打印纸张设置为横向，单元格边框和底纹的设置如图 2.208 所示。完成后将文件保存为"北大青年课程表.xlsx"。

练习 3. 通过 WPS 制作如图 2.209 所示的表格。

要求：正文字号为 10 号，标题字号为 12 号，且文字的字形为加粗，添加页眉——报销凭证，完成后将文件保存为"报销凭证.xlsx"。

班级	星期一				星期二				星期三				星期四				星期五			
时间	1-2	3-4	5-6	7-8	1-2	3-4	5-6	7-8	1-2	3-4	5-6	7-8	1-2	3-4	5-6	7-8	1-2	3-4	5-6	7-8
北大青鸟1班（39人）	XML基础 黄平	XML基础 黄平	项目实战	项目实战	WinForm高级应用开发 李涛	WinForm高级应用开发 李涛	Java Web应用开发 陈清	Java Web应用开发 陈清	WinForm高级应用开发 李涛	项目实战	项目实战	项目实战	项目实战	项目实战	Java Web应用开发 陈清	Java Web应用开发 陈清	项目实战	项目实战	项目实战	项目实战
北大青鸟2班（39人）	WinForm高级应用开发 李涛	WinForm高级应用开发 李涛	项目实战	项目实战	XML基础 黄平	XML基础 黄平	项目实战	项目实战	项目实战	WinForm高级应用开发 李涛	Java Web应用开发 陈清	Java Web应用开发 陈清	项目实战	项目实战	项目实战	项目实战	项目实战	项目实战	Java Web应用开发 陈清	Java Web应用开发 陈清

特色班2006—2007学年下学期06级课程表（第9～18周）

班级	星期一				星期二				星期三				星期四				星期五			
时间	1-2	3-4	5-6	7-8	1-2	3-4	5-6	7-8	1-2	3-4	5-6	7-8	1-2	3-4	5-6	7-8	1-2	3-4	5-6	7-8
北大青鸟1班（39人）	ASP.net 黄平	ASP.net 黄平	项目实战	项目实战	Oracle数据库应用 李涛	Oracle数据库应用 李涛	项目实战	项目实战	Oracle数据库应用 李涛	项目实战	项目实战	项目实战	项目实战	项目实战	Linux平台及应用 李明生	Linux平台及应用 李明生	项目实战	项目实战	项目实战	项目实战
北大青鸟2班（39人）	Oracle数据库应用 李涛	Oracle数据库应用 李涛	项目实战	项目实战	ASP.net 黄平	ASP.net 黄平	项目实战	项目实战	项目实战	Oracle数据库应用 李涛	项目实战	项目实战	项目实战	项目实战	项目实战	项目实战	项目实战	项目实战	Linux平台及应用 李明生	Linux平台及应用 李明生

图 2.208　特色班课程表表格

报销凭证

单位名称：　　　　　　　　　　　　　　　　编号：

资金使用报销申请书

申请日期：2018年10月28日

工程项目款类别	1.原材料 2.加工费 3.安装费 4.施工费 5.设计制图费 6.运输费 7.包装费 8.其他				
成本具体项目			收款单位名称		
合同编号			收款单位银行账号		
			收款单位联系电话		
费用支出类别	1.工资2.福利费3.工会经费4.职工教育经费5.各项保险费6.办公费7.差旅费8.邮电通信费9.车辆使用费10.交通费11.修理费12.业务招待费13.低值易耗品14.各项税金15.会议费16.广告宣传费17.中介服务费18.技术转让费19.无形资产20.诉讼费21.研究与开发费22.环境保护费23.审计费24.董事会会费25.房租26.水电费27.物业费28.咨询费29.财务费用30.其他				
费用具体项目					
款项支付方式	1.现金 2.转账支票 3.银行汇票 4.电汇 5.银行承兑汇票 6.委托收款 7.其他				
	支付票据号码：			领款人签字	
支付金额	人民币：壹仟陆佰捌拾捌万捌仟捌佰捌拾捌 元 捌 角 捌 分 整			¥ 16,888,888.88	
支付日期			款项性质	1.预付款 2.应付款3.钱货两清	
发票情况	发票 无/有	发票日期		发票号码	
资金申请人		有无合同	（需/不需要）（有/没 有）	有无董事会文件	（需/不需要）（有/没 有）
备　注					附单据　张
首席执行官审批		审批意见			
总会计师审批		审批意见			
副总经理审批		审批意见			

部门主管审核：　　　　财务主管审核　　　　出纳：　　　　经办人：

图 2.209　报销凭证表格

练习 4. 打开 Excel 素材文件夹中的工作簿"Excel_销售表 2-4.xls",如图 2.210 所示,对该销售表进行以下操作(湖南省职业院校职业能力考试真题)。

(1)利用函数填入折扣数据:所有单价为 1000 元(含 1000 元)以上的折扣为 5%,其余的折扣为 3%。

(2)利用公式计算各行折扣后的销售金额(销售金额=单价×(1-折扣)×数量)。

(3)在 H212 单元格中,利用函数计算所有产品的销售总金额。

(4)在销售记录条数后面的单元格中通过统计函数统计张默销售记录的条数。

(5)通过条件格式将时间为 2009 年 2 月的日期文字颜色变为红色。

(6)在 E215、G215、I215 单元格中通过日期函数分别输入系统当前日期的年、月、日。

图 2.210　销售表

(7)建立一个数据透视表,要求如下。

① 透视表位置:新工作表中。

② 页字段:销售日期。

③ 列字段:销售代表。

④ 行字段:类别、品名。

⑤ 数据项:金额(求和项)。

效果如图 2.211 所示。

完成以上操作后,将该工作簿以"WPS_销售表 3-2_jg.xls"为文件名保存在 E 盘下的作业文件夹中。

练习 5. 打开 Excel 素材文件夹中的工作簿"Excel_销售表 2-1.xls",对该销售表进行以下操作(湖南省职业院校职业能力考试真题)。

(1)计算出各行中的"金额"(金额=单价×数量)。

	A	B	C	D	E	F	G	H
1								
2	销售日期	(全部)						
3								
4	求和项:销售金额		销售代表					
5	类别	品名	刘思琪	宋晓	文楚媛	徐哲平	张默	总计
6	办公耗材	传真纸				74		74
7		打印纸				108		108
8		复印纸			216	200		416
9		光面彩色激光相纸				213		213
10		墨盒				980		980
11		碳粉				680	246	926
12		投影胶片				56		56
13		硒鼓				5920	358	6278
14	办公耗材 汇总				216	8231	604	9051
15	办公设备	大明扫描仪		1400			19720	21120
16		大明投影仪		5900		6760	3980	16640
17		冬普传真机			3780	6956		10736
18		四星复印机			15200	27600	56600	99400
19		优特电脑考勤机			6600	9000		15600
20	办公设备 汇总			7300	25580	50316	80300	163496
21	畅想系列	T系列笔记本	59994	53994		27996	107990	249974
22		X系列笔记本	61102	29400			72247	162749
23		打印机		45690	70594		12294	128578
24		多功能一体机		3240	7900		11930	23070
25		家用电脑	13998	28480			10980	53458

图 2.211 数据透视表

（2）按"销售代表"进行升序排序。

（3）利用分类汇总，求出各销售代表的销售总金额（分类字段为"销售代表"，汇总方式为"求和"，汇总项为"金额"，汇总结果显示在数据下方）。

完成以上操作后，将该工作簿以"Excel_销售表 2-1_jg.xls"为文件名保存在 E 盘下。

练习 6．打开 Excel 素材文件夹中的工作簿"销售汇总表 3-3.xls"，在当前表中建立如图 2.212 所示的门店图表，要求如下（湖南省职业院校职业能力考试真题）。

① 图表类型：簇状柱形图。

② 系列产生在"行"。

③ 图表标题：红日信息公司。

④ 分类（横坐标）轴：门店。

⑤ 数值（纵坐标）轴：销售额。

完成以上操作后，将该工作簿保存在 E 盘下，文件名为"第一销售汇总表.xls"，效果如图 2.212 所示。

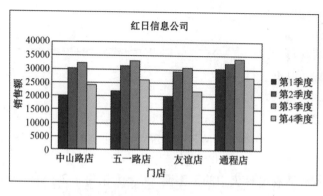

图 2.212 门店图表

练习 7．打开 Excel 素材文件夹中的"月收入支出图表.xlsx"文件，完成以下操作：

（1）计算收入小结、支出小结。

（2）计算结余，结余=收入小结-支出小结。

（3）在 A28 单元格中制作如图 2.213 所示的收入支出图。

完成以上操作后，以原文件名另存到 E 盘下的作业文件夹中。

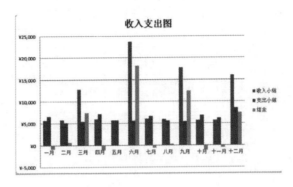

图 2.213　收入支出图

练习 8．打开 Excel 素材文件夹中的"水电费用开支计算.xlsx"，完成以下任务并以原文件名另存到 E 盘下的作业文件夹中。

（1）在 8 月工作表中计算 8 月的电费和水费。

（2）在 9 月工作表中计算 9 月的电费和水费。

（3）在合计工作表中统计 8 月和 9 月的水费及电费合计。

效果图如图 2.214 所示。

	A	B
	8月和9月水电费合计	
2	电费合计	546.3
3	水费合计	1436.75

图 2.214　练习 8 效果图

练习 9．打开 Excel 素材文件夹中的"投标台时汇总表.xls"，按照以下要求完成对表格中数据的计算。完成后的效果图如图 2.215 所示，完成任务后以原文件名另存到 E 盘下的作业文件夹中。

（1）计算"一类费用"的小计，公式为：折旧费+维修费+安拆费。

（2）求"二类费用"的各金额，人工的金额为：数量×7.22；电的金额为：数量×0.82；柴油的金额为：数量×6.55；汽油的金额为：数量×7.06；风的金额为：数量×0.22。水的金额为：数量×0.68。

（3）计算"二类费用"的小计，公式为：人工的金额+电的金额+柴油的金额+汽油的金额+风的金额+水的金额。

（4）计算合计列中"一类费用"小计+"二类费用"小计。

（十三）、投标人自备施工机械台时（班）费汇总表

合同编号：HN2010SKCX-03
工程名称：湖南省衡阳市衡南县2010年小型病险水库除险加固工程施工第三标段团结水库

序号	机械名称型号规格	一类费用				二类费用												小计（元）	合计（元/台时）
		折旧费	维修费	安拆费	小计	人工 7.22		电（kwh） 0.82		柴油（kg） 6.55		汽油（kg） 7.06		风（m³） 0.20		水（m³） 0.68			
						数量	金额	数量	金额	数量	金额	数量	金额	数量	金额	数量	金额		
1	搅拌机0.4m³	3.29	5.34	1.07	9.70	1.3	9.39	8.6	7.05									16.44	26.14
2	插入式振动器2.2	0.54	1.86		2.40					1.7	1.39	0.8						1.39	3.79
3	平板式振动器2.2	0.43	1.24		1.67					1.7	1.39							1.39	3.06
4	风砂（水）枪	0.24	0.42		0.66									202.5	40.50	4	2.72	43.22	43.88
5	59kw推土机	10.80	13.02	0.49	24.31	2.4	17.33			8.4	55.02	1.2						72.35	96.66
6	蛙式打夯机2.8	0.17	1.01		1.18	2	14.44	2.5	2.05									16.49	17.67
7	挖掘机油动1m³	28.77	29.63	2.42	60.82	2.7	19.49			14.2	93.01							112.50	173.32
8	载重汽车5t	7.77	10.86		18.63	1.3	9.39			7.2	47.16							56.55	75.18
9	自卸汽车5t	10.73	5.37		16.10	1.3	9.39			9.1	59.61	1.5						68.99	85.09
10	自卸汽车8t	22.59	13.55		36.14	1.3	9.39			10.2	66.81							76.20	112.34
11	轮胎碾9-16t	13.51	15.76		29.27														29.27
12	拖拉机74kW	9.65	11.38	0.54	21.57	2.4	17.33			9.9	64.85	2						82.17	103.74
13	74kw推土机	19.00	22.81	0.86	42.67	2.4	17.33			10.6	69.43							86.76	129.43
14	刨毛机	8.36	10.87	0.39	19.62	2.4	17.33			7.4	48.47	2.3						65.80	85.42
15	双胶轮车	0.26	0.64		0.90														0.90
16	钢筋调直机14k	1.60	2.69	0.44	4.73		9.39	7.2	5.90									15.29	20.02

投 标 人：湖南宏禹水利水电岩土工程有限公司
法定代表人或委托代理人： （签名）
造价工程师及注册证号： （签字盖执业专用章）
日 期： 2010年10月31日

图 2.215　练习 9 效果图

练习 10．打开 Excel 素材文件夹中的"Excel_销售表 2-4.xls"，对该销售表进行以下操作，完成任务后以原文件名另存到 E 盘下的作业文件夹中（湖南省职业院校职业能力考试真题）。

（1）利用函数填入折扣数据：所有单价为 1000 元（含 1000 元）以上的折扣为 5%，其余的折扣为 3%。

（2）利用公式计算各行折扣后的销售金额（销售金额=单价×（1-折扣）×数量）。

（3）在 H212 单元格中，利用函数计算所有产品的销售总金额。

（4）在销售记录条数后面的单元格中，通过统计函数统计张默销售记录的条数。

（5）通过条件格式将时间为 2009 年 2 月的日期文字颜色变为红色。

（6）在 E215、G215、I215 单元格中，通过日期函数分别输入系统当前日期的年、月、日。

练习 11．打开 Excel 素材文件夹中的"Excel_客户表 1-7.xls"工作簿，利用电子表格软件完成以下操作，完成任务后以原文件名另存到 E 盘下的作业文件夹中（湖南省职业院校职业能力考试真题）。

（1）用 IF()函数求出所有客户的"称呼 1"。

（2）用 LEFT()函数求出所有客户的"姓氏"。

（3）用 CONCATENATE()函数求出所有客户的"称呼 2"。

完成以上操作后，将该工作簿以"Excel_客户表 1-7_jg.xls"为文件名保存在 E 盘下，效果如图 2.216 所示。

练习 12．打开 Excel 素材文件夹中的"运动会 1-9.xls"工作簿，完成以下任务并以原文件名另存到 E 盘下的作业文件夹中（湖南省职业院校职业能力考试真题）。

（1）用 If()函数求出各运动员每个项目的名次得分（1 至 6 名分别得 6 至 1 分，其余的为 0 分）。

（2）用 If()函数求出各运动员每个项目的破纪录得分（破纪录的得 7 分，其余的为 0 分）。

（3）用求和函数求出各运动员每个项目的总得分。

完成以上操作后，将该工作簿以"Excel_运动会 1-9_jg.xls"为文件名保存在 E 盘下，完成

后的效果图如图 2.217 所示。

	A	B	C	D	E	F
1	客户号	客户姓名	性别	称呼1	姓氏	称呼2
2	1	宋晓	女	小姐	宋	宋小姐
3	2	宋晓兰	女	小姐	宋	宋小姐
4	3	文楚媛	女	小姐	文	文小姐
5	4	文楚兵	男	先生	文	文先生
6	5	徐哲平	男	先生	徐	徐先生
7	6	张默	男	先生	张	张先生
8	7	刘思琪	女	小姐	刘	刘小姐
9	8	徐哲平	男	先生	徐	徐先生
10	9	李小凤	女	小姐	李	李小姐
11	10	刘小华	男	先生	刘	刘先生

图 2.216　客户表效果图

序号	项目	组别	选手编号	成绩	名次	名次得分	破记录得分	总得分
130	200M	男子	1001	22.86	17	0	0	0
131	200M	男子	1003	21.83	10	0	0	0
132	200M	男子	1005	22.59	14	0	0	0
133	200M	男子	1006	23.05	18	0	0	0
134	200M	男子	1008	22.4	12	0	0	0
135	200M	男子	1009	22.62	15	0	0	0
136	200M	男子	1010	19.98	1	6	7	13
137	200M	男子	1011	22.57	13	0	0	0
138	200M	男子	1014	21.76	9	0	0	0
139	200M	男子	1015	21.84	11	0	0	0
140	200M	男子	1020	21.32	6	1	0	1
141	200M	男子	1022	21.23	5	2	0	2
142	200M	男子	1023	20.69	3	4	7	11
143	200M	男子	1024	22.64	16	0	0	0
144	200M	男子	1025	20.87	4	3	0	3
145	200M	男子	1026	21.34	7	0	0	0
146	200M	男子	1027	21.57	8	0	0	0
147	200M	男子	1028	20.66	2	5	7	12
148	200M	女子	2001	23.94	3	4	7	11
149	200M	女子	2003	23.88	2	5	7	12
150	200M	女子	2006	24.21	4	3	0	3
151	200M	女子	2007	26.17	9	0	0	0
152	200M	女子	2009	26.68	13	0	0	0
153	200M	女子	2011	25.61	8	0	0	0
154	200M	女子	2012	23.62	1	6	7	13
155	200M	女子	2014	26.17	9	0	0	0
156	200M	女子	2016	25.05	7	0	0	0
157	200M	女子	2018	24.95	6	1	0	1
158	200M	女子	2020	24.33	5	2	0	2
159	200M	女子	2022	26.39	12	0	0	0
160	200M	女子	2024	26.27	11	0	0	0

图 2.217　练习 12 效果图

练习 13．打开 Excel 素材文件夹中的“运动会 1-10.xls”工作簿。完成任务后以原文件名另存到 E 盘下的作业文件夹中（湖南省职业院校职业能力考试真题）。

（1）通过 SUMIF()函数统计成绩的总得分。

（2）分别为男子和女子按照从高分到低分求名次。

完成以上操作后，将该工作簿以“Excel_运动会 1-10_jg.xls”为文件名保存在 E 盘下，完成后的效果图如图 2.218 所示。

练习 14．打开 Excel 素材文件夹中的“某公司员工档案信息表.xlsx”。完成任务后以原文件名另存到 E 盘下的作业文件夹中。

（1）通过身份证号码计算出生年月日（用 Data()函数和 MID()函数）。

（2）通过出生年月和参加工作日期计算年龄和工龄（用 DATADIF()函数）。

完成任务后保存到 E 盘下，效果图如图 2.219 所示。

序号	选手编号	组别	总得分	总名次
101	1000	男子	3	13
102	1001	男子	4	9
103	1002	男子	0	22
104	1003	男子	7	2
105	1004	男子	0	22
106	1005	男子	0	22
107	1006	男子	1	18
108	1007	男子	2	15
109	1008	男子	1	18
110	1009	男子	0	22
111	1010	男子	6	3
112	1011	男子	4	9
113	1012	男子	5	7
114	1013	男子	6	3
115	1014	男子	0	22
116	1015	男子	0	22
117	1016	男子	4	9
118	1017	男子	5	7
119	1018	男子	0	22
120	1019	男子	6	3
121	1020	男子	1	18
122	1021	男子	0	22
123	1022	男子	2	15
124	1023	男子	4	9
125	1024	男子	1	18
126	1025	男子	3	13
127	1026	男子	0	22
128	1027	男子	0	22
129	1028	男子	10	1
130	1030	男子	6	3

	A	B	C	D	E
32	131	2000	女子	3	10
33	132	2001	女子	12	1
34	133	2002	女子	4	9
35	134	2003	女子	10	3
36	135	2004	女子	5	8
37	136	2005	女子	0	18
38	137	2006	女子	3	10
39	138	2007	女子	7	4
40	139	2008	女子	7	4
41	140	2009	女子	2	12
42	141	2010	女子	12	1
43	142	2011	女子	2	12
44	143	2012	女子	6	6
45	144	2013	女子	2	12
46	145	2014	女子	1	17
47	146	2016	女子	0	18
48	147	2017	女子	0	18
49	148	2018	女子	6	6
50	149	2019	女子	0	18
51	150	2020	女子	2	12
52	151	2022	女子	2	12
53	152	2023	女子	2	12
54	153	2024	女子	2	12
55	154	2026	女子	0	18

图 2.218　练习 13 效果图

	公司员工档案信息													
工号	姓名	性别	籍贯	部门	职务	职称	参加工作日期	出生日期	身份证号码	第一学历	办公电话	联系电话	年龄	工龄
4009001	张美英	女	山东	行政部	经理	工程师	1995/7/1	1974/7/6	430125197407065XXX	本科	4023556	1511119475X	47	26
4009002	王正兴	男	山东	销售部	职员	工程师	1994/5/1	1963/5/7	140211196305072XXX	本科	4028555	1511119476X	58	27
4009003	马冬民	男	北京	人事部	职员	工程师	1994/7/2	1968/7/7	432522196807075XXX	本科	4028555	1511119477X	53	27
4009004	王美霞	女	山东	销售部	职员	技师	2000/5/3	1979/9/9	110102197909090XXX	专科	4028565	1511119478X	42	21
4009005	王建梅	女	湖南	研发部	职员	高工	1994/2/4	1971/2/9	110102197102094XXX	本科	4028564	1511119479X	50	27
4009006	王晓磊	男	湖北	销售部	职员	技术员	2004/1/5	1983/1/10	430120198301103XXX	专科	4028123	1511119480X	39	18
4009007	艾晓明	女	北京	行政部	职员	技师	2000/7/6	1979/12/12	430101197912121XXX	专科	4028124	1511119481X	42	21
4009008	刘方明	男	河南	销售部	职员	技师	2002/9/7	1981/9/12	430103198109120XXX	专科	4028156	1511119482X	40	19
4009009	刘大力	男	江苏	办公室	职员	工程师	1997/8/8	1976/8/13	41020519760813XXX	专科	4028754	1511119483X	45	24
40090010	刘俊强	男	上海	人事部	副经理	工程师	2001/7/9	1980/2/14	430102198002141XXX	研究生	4028451	1511119484X	41	20
40090011	刘喜凤	男	重庆	研发部	职员	高工	1992/7/10	1971/12/16	430625197112163XXX	专科	4028324	1511119485X	50	29
40090012	刘国鹏	男	四川	研发部	职员	高工	1995/8/9	1973/1/13	372330197301133XXX	专科	4028652	1511119486X	49	26
40090013	孙海婷	男	湖南	财务部	副经理	工程师	1993/8/10	1969/9/3	372300196903103XXX	本科	4028657	1511119487X	52	28
40090014	朱喜亚	女	湖南	销售部	职员	工程师	1994/8/11	1970/12/9	430101197012091XXX	专科	4028598	1511119488X	51	27
40090015	朱思华	女	湖南	研发部	职员	工程师	1996/5/1	1974/12/30	430103197410912XXX	专科	4028541	1511119489X	47	25
40090016	陈晓明	男	山东	办公室	副经理	工程师	1996/6/1	1974/8/13	410205197408133XXX	本科	4028357	1511119490X	47	25
40090017	陈思华	男	山东	客服部	职员	工程师	1997/7/1	1975/2/14	430102197502141XXX	本科	4028579	1511119491X	46	24
40090018	彭玉华	男	山东	研发部	职员	高工	1992/7/1	1970/2/9	430102197002091XXX	本科	4028945	1511119492X	51	29

图 2.219　练习 14 效果图

练习 15. 打开 Excel 素材文件中的"Excel_销售表 2-3.xls"工作簿，完成任务后以原文件名另存到 E 盘下的作业文件夹中（湖南省职业院校职业能力考试真题）。

（1）在该销售表中，利用函数直接计算三位销售代表的销售总金额。

（2）在该销售表中，利用函数计算总销售金额。

（3）在该销售表中，将"销售代表总金额"列中的所有数据设置成"使用千分位分隔符"，并保留 1 位小数。

完成以上操作后，将该工作簿保存在 E 盘下，文件名为"第八销售表.xls"。

练习 16. 打开 Excel 素材文件中的"员工考核表计算案例"，完成任务后以原文件名另存到 E 盘下的作业文件夹中。

（1）在第一季度考核表中，按照样图完成表格函数计算，数据来源于出勤量统计表和绩效表。总成绩=出勤量×0.2+工作态度×0.3+工作能力×0.5。

（2）在第二季度考核表中，按照样图完成表格函数计算，数据来源于出勤量统计表和绩效表。总成绩=出勤量×0.2+工作态度×0.3+工作能力×0.5。

（3）在第三季度考核表中，按照样图完成表格函数计算，数据来源于出勤量统计表和绩效表。总成绩=出勤量×0.2+工作态度×0.3+工作能力×0.5。

（4）在第四季度考核表中，按照样图完成表格函数计算，数据来源于出勤量统计表和绩效表。总成绩=出勤量×0.2+工作态度×0.3+工作能力×0.5。

（5）在年度考核表中，按照样图完成表格函数计算，年度表取各季度的平均值。总成绩=出勤量×0.2+工作态度×0.3+工作能力×0.5。

（6）在年度考核表中，工作态度、工作能力及年度总成绩为四个季度的平均值。

（7）在年度考核表中，按照年度总成绩排名。

在年度考核表中，通过函数按照排名发奖金，前三名奖金为 3000 元，前六名奖金为 2000元，其余的奖金为 1000 元。

效果图如图 2.220 所示。

年度考核表

编号	姓名	出勤量	工作态度	工作能力	年度总成绩	排名	奖金
0001	刘伟	86.5	83.5	79	81.85	9	1000
0002	李丽华	94	91.5	93	92.75	6	2000
0003	刘伟	96.75	94	90	92.55	7	1000
0004	范双	91.75	89.5	92.5	91.45	8	1000
0005	刘桥	98.25	97.75	98.75	98.35	1	3000
0006	鲁季	98.75	95	94.75	95.625	4	2000
0007	梁美玲	98	97.5	98.25	97.975	3	3000
0008	钟胜	97.75	97.75	98.25	98	2	3000
0009	张军	95.25	93.75	96.5	95.425	5	2000

图 2.220　年度考核表效果图

项目 3

演示文稿制作

本项目介绍演示文稿的制作。WPS 演示 2019 可以将文本和图片、声音和动画制作成幻灯片播放出来，在办公会议及产品展示中都有极其广泛的应用价值。能够完成演示文稿的软件有很多，在办公会议及产品展示中都有极其广泛的应用价值。

演示文稿制作是信息化办公的重要组成部分。借助演示文稿制作工具，可以快速制作出图文并茂、富有感染力的演示文稿，并且可以通过图片、视频和动画等多媒体形式展现复杂的内容，从而使表达的内容更容易理解。

知识目标

- 了解演示文稿基本操作界面，熟悉相关工具的功能和制作流程。
- 掌握演示文稿的创建、打开、保存、退出等基本操作步骤。
- 熟悉演示文稿不同视图之间的切换与应用。
- 掌握幻灯片的创建、复制、删除、移动等基本操作步骤。
- 理解幻灯片的板式与幻灯片设计及布局原则。
- 掌握在幻灯片中插入文本框、图形、图片、表格、音频、视频等对象的方法。
- 理解幻灯片母版的概念，掌握幻灯片母版的编辑及应用方法。
- 掌握幻灯片动画、自定义动画设置方法及超链接、动作按钮的应用。
- 了解幻灯片的放映类型，会使用排练计时进行放映。

能力目标

能够熟练使用 WPS 演示制作简单的演示文稿。了解完整演示文稿的制作过程，并掌握创建、修饰、设计和放映演示文稿的方法，具备演示文稿制作、动画设计、母版制作和使用，以及演示文稿放映和导出等能力。

● 日常办公中演示文稿的制作、编辑和美化。
● 个人简历、毕业设计、论文答辩、汇报等演示文稿的制作和放映。
● 产品介绍、项目营销等商业领域应用中演示文稿的制作和放映。

任务 1　"会议议程"演示文稿的制作

任务提出

本任务通过案例学习演示文稿的制作方法，让学生掌握在幻灯片中插入文本、图片、数据表格等对象的操作方法。

任务要求和分析

1. 任务要求

任务效果图如图 3.1 所示。

（1）新建 WPS 演示空白表格文档，并命名为"会议议程.ppt"。

（2）按照图 3.1 输入文字，并对文字项目符号进行设置。

（3）插入演示文稿的表格，如图 3.1 所示，并输入文字。

（4）插入演示文稿的图表，如图 3.1 所示。

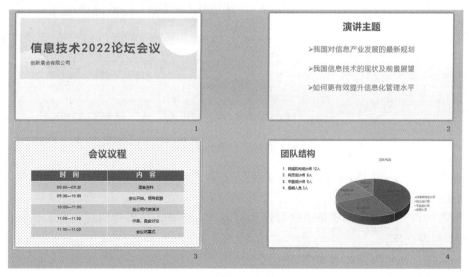

图 3.1　"会议议程"效果图

2. 任务分析

演示文稿是会议、产品介绍中常见的表现形式，因此，需要掌握以下技能：

（1）创建一个 WPS 演示文稿，输入文本等。

（2）对输入的文本等进行格式设置，对项目符号及编号进行设置。

（3）对表格进行设置，并输入内容。

（4）对图表进行设置，并美化。

➡ 相关知识点

3.1.1 创建演示文稿

创建演示文稿的方法与操作步骤如下。

（1）启动 WPS 演示。

（2）制作"会议议程"首页。

① 在"文件"菜单中选择"新建"命令，在"新建"选项卡中选择"新建演示"命令，在任务窗格中选择"新建空白演示"命令，如图 3.2 所示，新建并保存"会议议程"幻灯片。

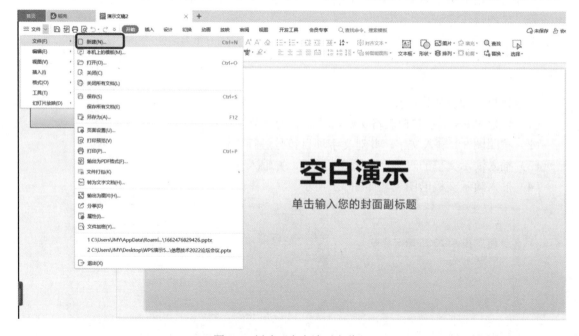

图 3.2 新建"空白演示文稿"

② 在"设计"选项卡中单击"更多设计"，在展开的风格中选择"空白演示经典风格"主题，如图 3.3 所示。

③ 单击幻灯片窗格中的"单击此处添加标题"占位符，该占位符被闪烁的光标代替，表示可以输入标题文字。

④ 输入主标题"信息技术 2022 论坛会议"。

⑤ 用同样的方法输入副标题"创新展会有限公司"。

⑥ 用鼠标选中主标题文字，在"开始"选项卡中，设置字体为"微软雅黑"，字号为"59"，设置主标题文字的字形为"加粗"。如图 3.4 所示。用鼠标选中副标题文字，设置字体为"微软雅黑"，字号为"24"，如图 3.5 所示。

图 3.3　选择"空白演示经典风格"主题

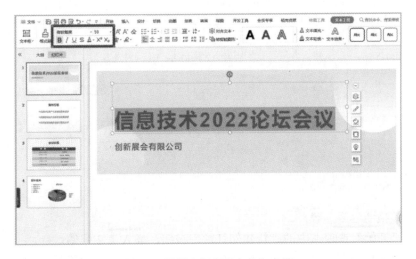

图 3.4　设置主标题的字体和字号

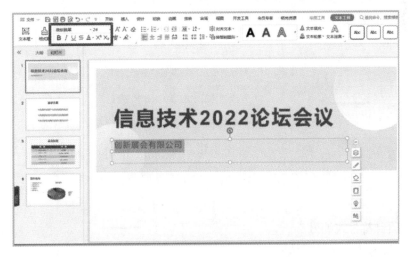

图 3.5　设置副标题的字体和字号

（3）保存"会议议程"演示文稿。

① 单击快速访问工具栏中的 按钮，弹出"另存文件"对话框，操作方法与 WPS 文档的类似。

② 在"位置"下拉列表框中选择保存路径（如 D:\user），在"文件名"文本框中输入"会议议程"，选择文件类型，如图 3.6 所示，单击"保存"按钮。

图 3.6 "另存文件"对话框

3.1.2 编辑文本资料

制作会议简报的演讲主题

（1）单击"开始"选项卡中的"新建幻灯片"按钮，插入第 2 张幻灯片。

（2）新幻灯片自动套用"标题与文本"的默认版式，输入标题"演讲主题"，设置其文字颜色为默认的"红色"，字体为"微软雅黑"，字号为"48"，如图 3.7 所示。

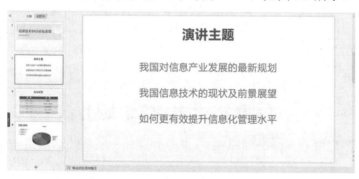

图 3.7 "演讲主题"幻灯片

（3）插入项目符号或编号。

① 输入正文文字，并将其选中。

② 选择"开始"选项卡，单击"项目符号"或"编号"下拉按钮，弹出"项目符号"或

"编号"列表,"项目符号"列表如图 3.8 所示。

图 3.8 "项目符号"列表

③ 选择所需的项目符号式样,单击"确定"按钮完成设置,如图 3.9 所示。

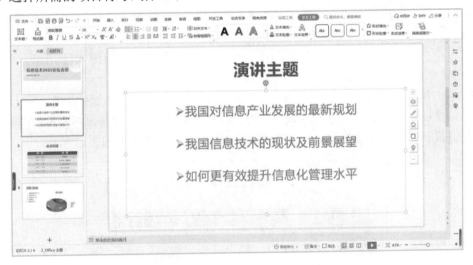

图 3.9 设置项目符号

在插入项目符号或编号后,按 Enter 键可自动插入下一个项目符号或编号。如果要结束列表编号,则按 Backspace 键删除列表中的最后一个项目符号或编号即可。如果要重新开始编号或继续原有编号,则右击,在弹出的快捷菜单中选择相关命令即可。

另外,在常用的文档模板的编辑过程中,我们还经常通过多级编号与标题样式相结合来生成文章标题,就像本书的章节编号一样,在"多级编号"选项卡中进行设置即可,"项目符号与编号"对话框如图 3.10 所示。

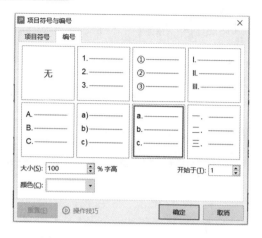

图 3.10 "项目符号与编号"对话框

3.1.3 幻灯片插入表格

制作会议议程

（1）单击"开始"选项卡中的"新建幻灯片"按钮，插入第 3 张幻灯片。新幻灯片的版式与前面的完全一样。

图 3.11 "插入表格"对话框

（2）在"标题"占位符中输入标题"会议议程"。

（3）在"内容"占位符中单击"表格"按钮。

（4）单击"插入"选项卡中的"插入表格"按钮，在弹出的"插入表格"对话框的"列数"文本框中输入"2"，"行数"文本框中输入"6"，制作一个 2 列 6 行的表格，如图 3.11 所示，单击"确定"按钮。

（5）单击第一个单元格，输入"9:00—9:30"，依次输入表格中的全部内容。

（6）将鼠标光标置于行或列的边线上，当光标变为双箭头时，按住鼠标不放，向某个方向拖动后松开鼠标，即可调整表格的行宽或列高。"会议议程"表格如图 3.12 所示。

图 3.12 "会议议程"表格

（7）更改幻灯片背景。

① 在幻灯片空白处右击，在弹出的快捷菜单中选择"设置背景格式"命令，如图 3.13 所示。

②在右侧的"对象属性"面板中选中"图案填充"单选按钮，设置 5%填充项，前景设置为"红色"，如图 3.14 所示。

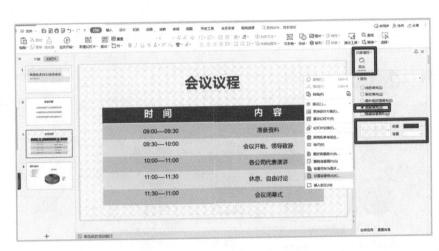

图 3.13 选择"设置背景格式"命令　　　　图 3.14 "对象属性"面板

3.1.4 制作幻灯片图表

制作会议流程的图表

将表格数据以图的形式表达出来，使数据得以形象地体现。图表具有较好的视觉效果，可以方便用户查看数据的差异并预测趋势。图表是分析数据非常直观的方式。WPS 中提供了 10 种图表类型，即柱形图、条形图、折线图、饼图、散点图、面积图等。

（1）单击"开始"选项卡中的"新建幻灯片"按钮，插入第 4 张幻灯片。

（2）新幻灯片自动套用"标题与文本"的默认版式，输入标题"团队结构"，设置其文字颜色为默认的"红色"，字体为"微软雅黑"，字号为"48"，如图 3.15 所示。

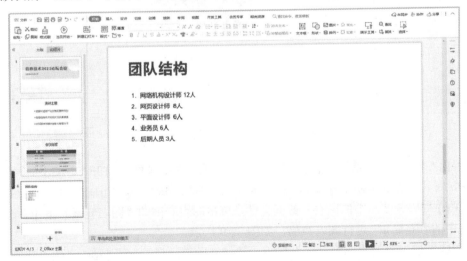

图 3.15 "团队结构"幻灯片

① 在"插入"选项卡的"图表"组中单击"图表"按钮，弹出下拉列表。

② 选择所需的图表类型和子图表类型，这里选择"饼图"中的"三维饼图"，如图 3.16 所示。

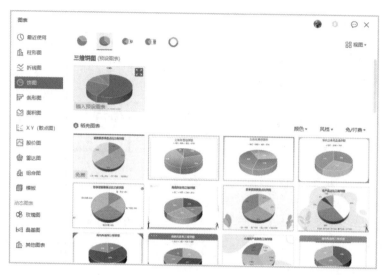

图 3.16　选择"饼图"中的"三维饼图"

③ 单击"三维饼图"按钮，出现三维饼图后单击图表右侧的"筛选数据"按钮，在出现的界面下方单击"选择数据"按钮，如图 3.17 所示。

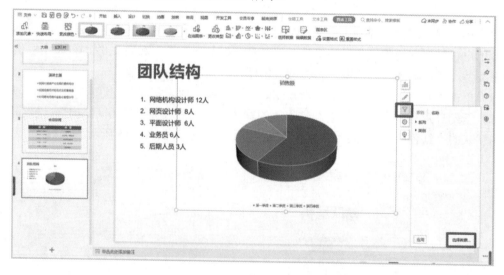

图 3.17　单击"选择数据"按钮

④ 弹出"数据源"对话框，单击"取消"按钮，编辑"数据源"，打开"WPS 演示中的图表"数据文件，对其中的数据进行编辑，如图 3.18 所示，编辑完成后按"Ctrl+S"组合键保存文件。

⑤ 关闭"WPS 演示中的图表"数据文件，单击图表右侧的"图表元素"按钮，选择快速布局样式中的"布局 1"进行图表布局，如图 3.19 所示。

⑥ 单击图表右侧的"图表元素"按钮，选择"图表元素"，分别勾选"图表标题""数据标签""图例"复选框，如图 3.20 所示。

图 3.18 "WPS 演示中的图表"中的数据

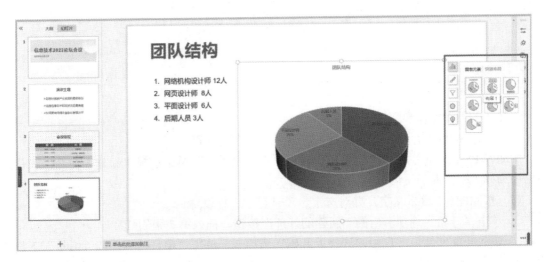

图 3.19 设置图表布局

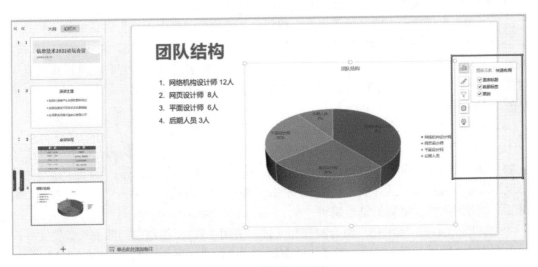

图 3.20 设置图表元素

⑦ 单击图表文字将其选中，在"开始"选项卡中设置其字号为"14"，图表制作完的效果如图 3.21 所示。

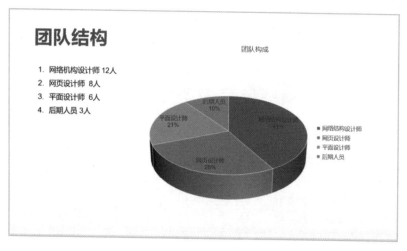

图 3.21　图表制作完的效果

任务实施

本任务的关键操作步骤如下：

（1）新建 WPS 演示空白表格文档，并命名为"会议议程.ppt"。

启动 WPS 演示，制作"会议议程"首页，在"文件"菜单中选择"新建"命令，在任务窗格中选择"空白演示文稿"。

（2）按照图 3.1 输入文字，并对文字、项目符号进行设置。

① 单击"开始"选项卡中的"新建幻灯片"按钮，插入第 2 张幻灯片。

② 输入正文文字，并选中，选择"开始"选项卡，单击"项目符号"或"编号"下拉按钮，弹出项目符号或编号列表，单击所需的项目符号或编号式样，单击"确定"按钮完成设置。

（3）插入演示文稿的表格，如图 3.1 所示，并输入文字。

选择"插入"选项卡中的"插入表格"按钮，在弹出的"插入表格"对话框的"列数"文本框中输入"2"，"行数"文本框中输入"6"，制作一个 2 列 6 行的表格，单击"确定"按钮。单击第 1 个单元格，输入"9：00—9：30"，依次输入表格中的全部内容。将鼠标指针置于行或列的边线上，当光标变为双箭头时，按住鼠标不放，向某个方向拖动后放开鼠标，即可调整表格的行宽或列高。

（4）按照图 3.1 插入演示文稿的图表。

① 在"插入"选项卡的"图表"组中单击"图表"按钮，弹出下拉列表。

② 选择"饼图"中的"三维饼图"，出现三维饼图后单击图表右侧的"筛选数据"按钮，在出现的界面下方单击"选择数据"按钮，弹出"数据源"对话框，单击"取消"按钮，编辑"数据源"，并对表格中的数据进行编辑。

③ 编辑完成后按"Ctrl+S"组合键保存文件，关闭"WPS 演示中的图表"数据文件。单击图表右侧的"图表元素"按钮，选择快速布局样式中的"布局 1"进行图表布局。在"开始"选项卡中设置字号。

➡️ **任务小结**

通过案例，让学生初步掌握幻灯片演示的基本操作步骤、项目符号和表格的插入方法、幻灯片背景的制作方法，会编辑图表。

任务 2 "个人简历"演示文稿的制作

➡️ **任务提出**

本任务通过案例学习"个人简历"演示文稿的制作方法，让学生掌握在幻灯片中插入文本，以及图片、艺术字体设置等相关操作步骤。

➡️ **任务要求和分析**

"个人简历"效果图如图 3.22 所示。

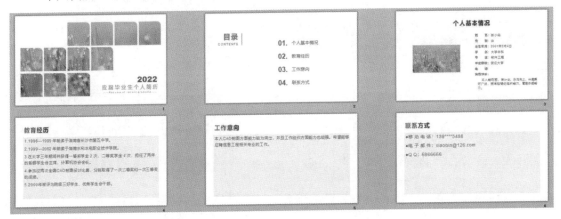

图 3.22 "个人简历"效果图

1. 任务要求

（1）新建 WPS 空白演示文档，并命名为"个人简历.ppt"。

（2）按照图 3.22 制作封面，绘制、编辑及美化图形。

（3）按照图 3.22 制作目录，将演示文稿设置为自定义配色。

（4）设置文本框底纹，如图 3.22 所示。

（5）插入标题艺术字，并输入相对应的英文，如图 3.22 所示。

2. 任务分析

个人简历的制作是每个大学生毕业时都要做的一件事情，因此，需要掌握以下技能：

（1）创建一个 WPS 演示文稿，输入相关文本。

（2）对输入的文本进行格式设置。

（3）对图形进行绘制、编辑及美化。

（4）插入艺术字，设置自定义颜色，选择不同版式，并对表格进行美化设置。

➜ 相关知识点

WPS 演示为用户提供了多种幻灯片版式，包括标题幻灯片、标题和内容、节标题、两栏内容、比较、仅标题、空白、图片等。本案例将利用空白幻灯片版式，制作出具有个性化的"个人简历"演示文稿。

3.2.1 创建首页空白版式幻灯片

（1）启动 WPS 演示。

（2）制作"个人简历"首页。

① 在"文件"菜单中选择"新建"命令，在"新建"选项卡中选择"新建演示"命令，在任务窗格中选择"新建空白演示"命令，完成演示文稿的创建。在"文件"菜单中选择"另存为"命令将文件保存为"个人简历.ppt"。

② 在"设计"选项卡中，单击"版式"按钮，设置首页的幻灯片版式为"空白"，如图 3.23 所示。

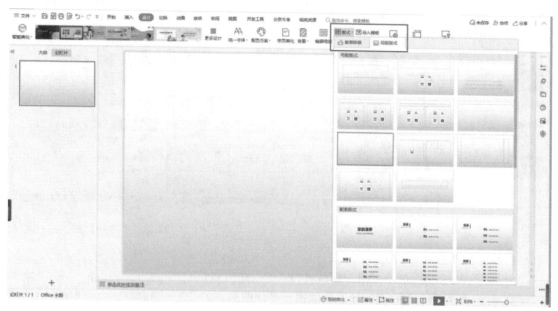

图 3.23　设置幻灯片首页为空白版式

3.2.2 图形的绘制、编辑及美化

1. 快速插入需要的图形

（1）在"插入"选项卡中单击"图形"按钮，在展开的样式中选择"单圆角矩形"，如图 3.24 所示。

（2）拖动鼠标在幻灯片中绘制单圆角矩形图案，通过复制命令，共出现三个单圆角矩形图案，如图 3.25 所示。

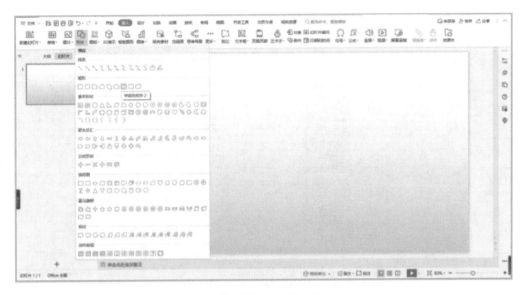

图 3.24 选择"单圆角矩形"

图 3.25 三个单圆角矩形图案

2. 将多个图形对齐

在实际操作中，若出现多个图形对象，页面可能会出现次序混乱的情况，若选择图形，逐一进行排列，会很麻烦。使用快速排列工具可以轻松将多个对象排列整齐。

（1）按住 Ctrl 键单击，将要对齐的图形选中，在出现的"绘图工具"选项卡中，单击"对齐"按钮，在弹出的下拉列表中分别选择"垂直居中"和"纵向分布"命令，可将图形对齐，如图 3.26 所示。

（2）对齐后，在"绘图工具"选项卡中单击"组合"按钮，在弹出的下拉列表中选择"组合"命令，组合后三个图形变为一个整体，如图 3.27 所示。

（3）对组合的图形，使用快捷键"Ctrl+C"复制、"Ctrl+V"粘贴 4 次，将图形基本布满页面，按"Ctrl+A"组合键将所有图形选中，单击"绘图工具"选项卡中的"对齐"按钮，在弹出的下拉列表中分别选择"顶对齐"和"横向分布"命令，可将图形对齐。在右侧的"对象属性"面板中，将"线条"属性设置为"无线条"，如图 3.28 所示。

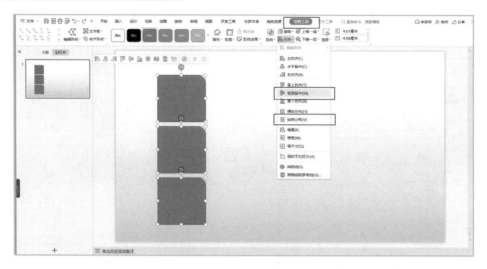

图 3.26　图形对齐

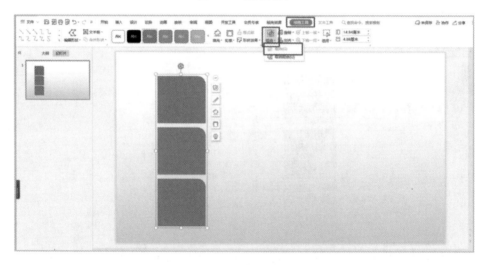

图 3.27　图形组合

图 3.28　完成效果

3. 设置图形的图片填充效果

（1）使用快捷键"Ctrl+G"将所有图形组合成一个整体，在右侧的"对象属性"面板中，选中"图片或纹理填充"单选按钮，选择"本地文件"，找到要填充到图形中的图片，如图3.29所示。

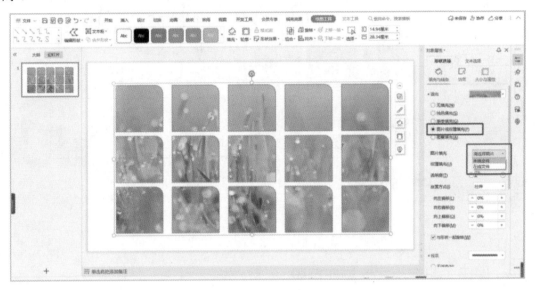

图3.29　图形的图片填充效果

（2）选中要删除的图形，按Delete键将其删除，完成效果如图3.30所示。

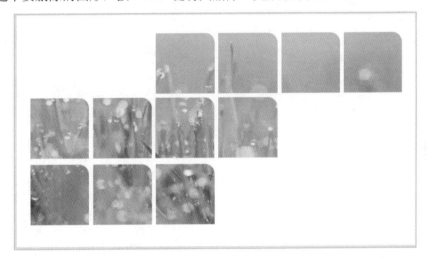

图3.30　图片填充图形完成效果

4. 插入文字

（1）选择"插入"选项卡，单击"文本框"按钮，在弹出的下拉列表中选择"横排文本框"命令，单击页面，出现文本框后输入"2022"，设置其字体为"Arial Black"，字号为"48"，颜色为"海洋绿"；以同样的方式输入"应届毕业生个人简历"，设置其字体为"微软雅黑（正文）"，字号为"32"，颜色为"矢车菊蓝"，在其下面输入"——Resume of recent graduate——"，设置其字体为"Arial（正文）"，字号为"14"，颜色为"银灰色"，效果如图3.31所示。

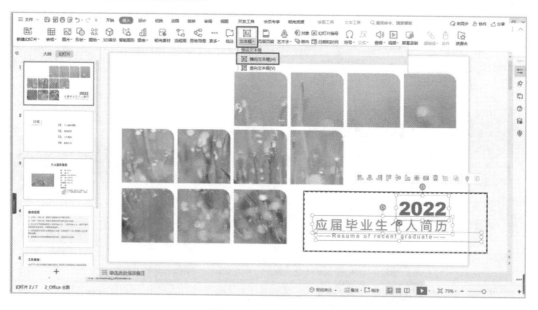

图 3.31　首页文字效果

3.2.3　使用"配套版式"制作目录

（1）选中第 1 张幻灯片，按 Enter 键，即可新建 1 张幻灯片。

（2）单击"设计"选项卡中的"版式"按钮，在展开的版式中选择"配套版式"中的目录版式，如图 3.32 所示。

图 3.32　选择目录版式

（3）在相应位置输入目录中的文字"个人基本情况""教育经历""工作意向""联系方式"，设置其字体为"微软雅黑"，字号为"28"，颜色为"深灰绿"。

（4）单击"设计"选项卡中的"配色方案"按钮，在弹出的下拉列表中选择"自定义"命令，在弹出的"自定义颜色"对话框中（见图 3.33），将"文字/背景-深色 1（I）"的颜色改成"深灰绿"，如图 3.34 所示，单击"确定"按钮，自定义颜色设置完成，效果如图 3.35 所示。

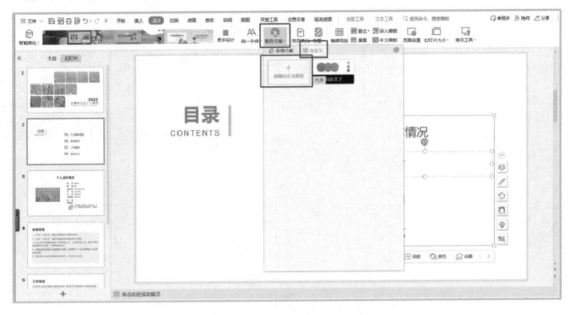

图 3.33 "配色方案"自定义颜色设置

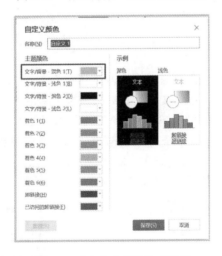

图 3.34 "自定义颜色"对话框

图 3.35 自定义颜色完成效果

3.2.4 设置文字的艺术效果

（1）选中第 2 张幻灯片，按 Enter 键，即可新建 1 张幻灯片。

（2）单击"设计"选项卡中的"版式"按钮，在展开的母版"版式"中选择按钮下拉菜单中的"标题+图片+文本"选项，如图 3.36 所示。

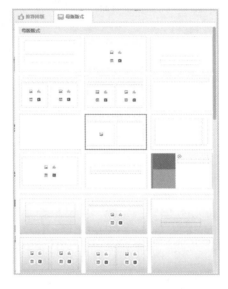

图 3.36　选择版式

（3）在"标题"占位符处输入标题"个人基本情况"。

（4）选中输入的标题文字，在"文本工具"选项卡中单击"艺术字"按钮，在弹出的下拉列表中选择"渐变填充-番茄红"，如图 3.37 所示，单击"文本填充"按钮，在弹出的下拉列表中选择"蓝色-深蓝渐变"，即可将艺术字的颜色改为"蓝色-深蓝渐变"，如图 3.38 所示。

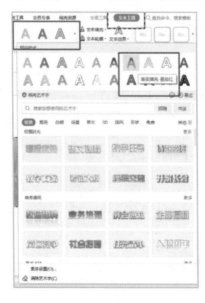

图 3.37　选择艺术字样式

图 3.38　修改艺术字颜色

（5）单击"添加图片"框添加素材图片，单击"添加文本"框添加文本，完成后的效果如图 3.39 所示。

图 3.39　完成后的效果

3.2.5　设置文本底纹

（1）选中第 3 张幻灯片，按 Enter 键，即可新建 1 张幻灯片。单击"设计"选项卡中的"版式"按钮，在展开的版式中选择"标题+文本框"版式，如图 3.40 所示。

图 3.40　选择版式

（2）重复之前设置艺术字的步骤，将标题设置为艺术字，并选中文本框，在右侧的"对象属性"面板中选中"纯色填充"单选按钮，设置填充色为"柠檬绸"，如图 3.41 所示。

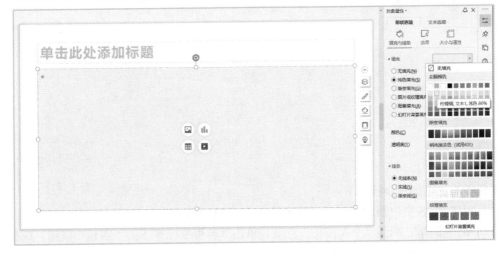

图 3.41　设置填充色

（3）输入文本框内的文字，效果如图 3.42 所示。

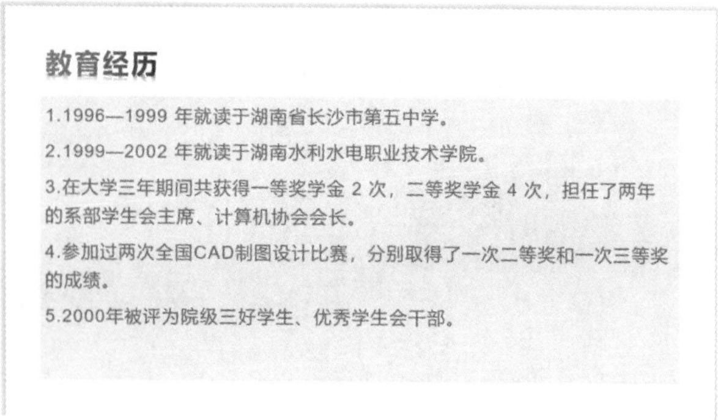

教育经历

1.1996—1999 年就读于湖南省长沙市第五中学。

2.1999—2002 年就读于湖南水利水电职业技术学院。

3.在大学三年期间共获得一等奖学金 2 次，二等奖学金 4 次，担任了两年的系部学生会主席、计算机协会会长。

4.参加过两次全国CAD制图设计比赛，分别取得了一次二等奖和一次三等奖的成绩。

5.2000年被评为院级三好学生、优秀学生会干部。

图 3.42　输入文字后的效果

（4）重复以上步骤，完成第 5 张和第 6 张幻灯片的制作，如图 3.43 和图 3.44 所示。

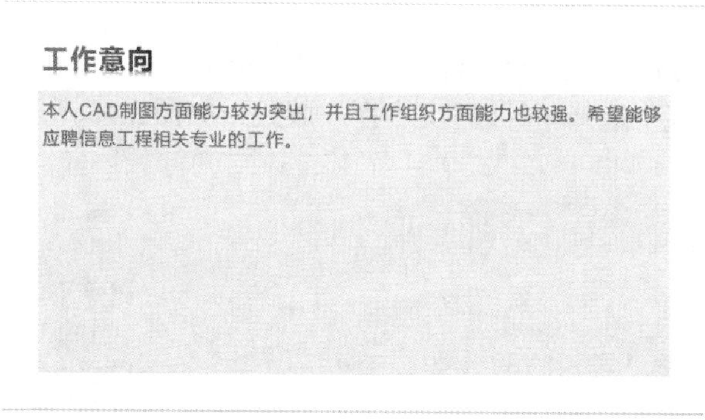

工作意向

本人CAD制图方面能力较为突出，并且工作组织方面能力也较强，希望能够应聘信息工程相关专业的工作。

图 3.43　第 5 张幻灯片

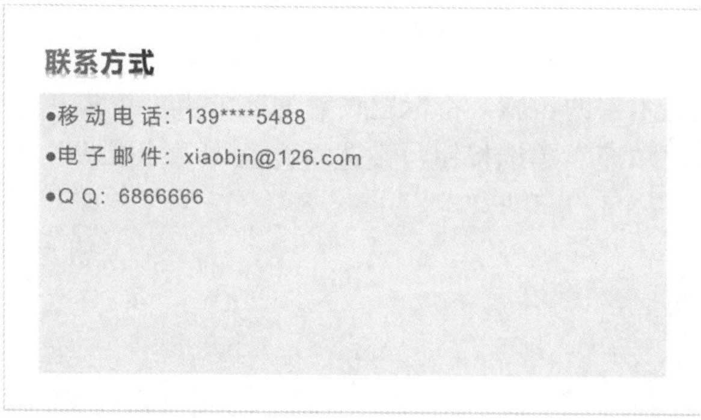

联系方式

●移 动 电 话：139****5488

●电 子 邮 件：xiaobin@126.com

●Q Q：6866666

图 3.44　第 6 张幻灯片

任务实施

本任务的关键操作步骤如下：

（1）新建 WPS 空白演示文档，并命名为"个人简历.ppt"。

启动 WPS 演示，制作"个人简历"首页，单击"首页"标签下的"新建"按钮，选择"新建演示"命令，在任务窗格中选择"新建空白演示"。

（2）按照图 3.22 制作封面，绘制、编辑及美化图形。

在"插入"选项卡中单击"文本框"按钮，通过"横排文本框"输入文字。图形的绘制通过"绘图工具"选项卡来完成。

（3）按照图 3.22 制作目录，将演示文稿设置为自定义配色。

在"设计"选项卡中单击"版式"按钮，在展开的版式中选择"配套版式"中的版式；在"设计"选项卡中单击"配色方案"按钮，在弹出的下拉列表中选择"自定义"命令，在弹出的"自定义颜色"对话框中设置自定义配色。

（4）设置文本框底纹，如图 3.22 所示。

在文本框右侧的"对象属性"面板中选中"纯色填充"单选按钮，设置填充色为"柠檬绸"。

（5）插入标题艺术字，并输入相对应的文字，如图 3.22 所示。

在"文本工具"选项卡中单击"艺术字"按钮，在弹出的下拉列表中选择"渐变填充-番茄红"。

任务 3　"计算机硬件构成"演示文稿的制作

➡ 任务提出

产品展示演示文稿是工作和生活中经常出现的演示文稿，通过本案例"计算机硬件构成"演示文稿的制作，让学生掌握常用目录、思维导图、动画、动作按钮和幻灯片放映方式等的设置方法。

➡ 任务要求和分析

本案例效果图如图 3.45 所示。

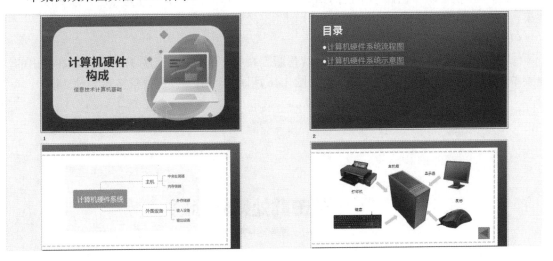

图 3.45　"计算机硬件构成"演示文稿效果图

1. 任务要求

（1）新建 WPS 空白演示文档，将该文档保存为"计算机硬件构成.xlsx"。

（2）插入思维导图。

（3）制作硬件机构展示图，并设置动画和动作按钮。

（4）输入目录中的文字，并对文字进行超链接设置。

（5）设置幻灯片切换、放映方式。

2．任务分析

产品展示演示文稿的制作是非常常见的工作，因此，需要掌握以下技能：

（1）创建一个 WPS 演示，录入文本等。

（2）对输入的文本进行超链接设置。

（3）设置动画和动作按钮，对母版进行设置并美化。

（4）设置幻灯片的切换和放映方式。

→ 相关知识点

3.3.1 创建并保存演示文稿

（1）启动 WPS 演示。

（2）制作"计算机硬件构成"演示文稿首页。

在"文件"菜单中选择"新建"命令，在"新建"选项卡中选择"新建演示"命令，在任务窗格中选择"新建空白演示"命令，完成演示文稿的创建。在"文件"菜单中选择"另存为"命令，将文件保存为"计算机硬件构成.ppt"。

3.3.2 编辑幻灯片母版

使用幻灯片母版，可以为幻灯片添加标题、文本、背景图片、颜色主题、动画，以及修改页眉/页脚等，快速制作出属于自己的幻灯片。可以将母版的背景设置为纯色、渐变或图片等效果，将母版中的设置更改后，会自动应用于所有幻灯片。

（1）设置标题幻灯片背景。

① 单击"视图"选项卡中的"幻灯片母版"按钮，选择标题幻灯片并右击，在弹出的快捷菜单中选择"设置背景格式"命令，如图 3.46 所示，弹出"设置背景格式"对话框。

图 3.46　选择"设置背景格式"命令

② 在右侧的"对象属性"面板中（见图 3.47），选择图片或者纹理填充选项，在下方的图片填充选项中，选择"本地文件"，在计算机中找到对应的"素材 1"图片。

如果希望全部幻灯片都使用此背景，则单击该面板下方的"全部应用"按钮，即可将设置的背景应用于所有幻灯片；如果对样式不满意，则单击"重置背景"按钮，对背景进行重置，这里我们单击"全部应用"按钮，如图 3.48 所示。

图 3.47　"对象属性"面板

③ 单击"插入"选项卡中的"图形"按钮，在展开的样式中选择"圆角矩形"，如图 3.49 所示，在页面中间绘制大小合适的矩形，并填充"亮天蓝色"。右击，在弹出的快捷菜单中选择"置于底层"命令，如图 3.50 所示，将该矩形置于底层。

图 3.48　单击"全部应用"按钮

图 3.49　选择"圆角矩形"

图 3.50　选择"置于底层"命令

④ 单击"插入"选项卡中的"图片"按钮，在弹出的下拉列表中选择"本地图片"命令，将图片"素材 2"插入幻灯片中，并调整到合适位置，标题幻灯片背景设置完成后的效果如图 3.51 所示。

图 3.51　标题幻灯片背景设置完成后的效果

（2）调整标题幻灯片页面中文本占位符的大小及位置。

① 单击"视图"选项卡中的"幻灯片母版"按钮，选择标题幻灯片，按住鼠标左键并拖动文本框的中点来调整文本占位符的大小和位置，效果如图 3.52 所示。

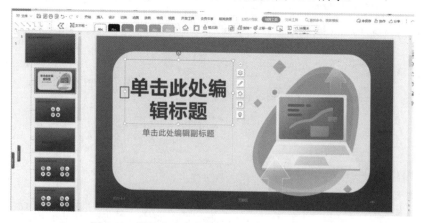

图 3.52　调整文本占位符的大小和位置后的效果

② 选择母版中的空白版式页面，单击"插入"选项卡中的"图形"按钮，在展开的样式中选择"矩形"，在页面中间绘制大小合适的矩形，并填充"白色"，效果如图 3.53 所示。

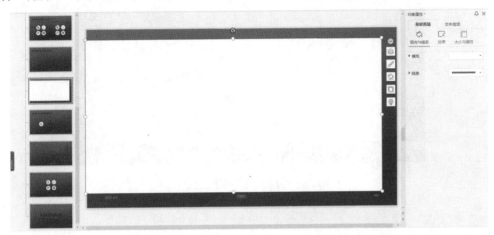

图 3.53　设置母版中的空白版式页面

③ 单击"插入"选项卡中的"图形"按钮，在展开的样式中选择"矩形"，在页面中间绘制一个比已有的矩形稍小一些的矩形，双击该矩形，在右侧的"对象属性"面板中，选中"无填充"单选按钮，线条样式为"系统短划线"，宽度为"5 磅"，效果如图 3.54 所示。

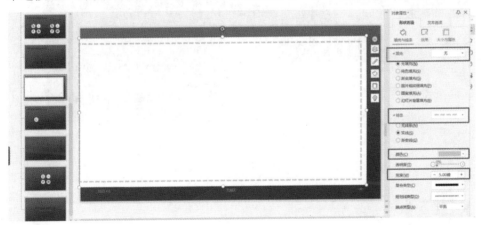

图 3.54　绘制矩形线框的效果

④ 单击"幻灯片母版"选项卡中的"关闭"按钮，关闭"幻灯片母版"，如图 3.55 所示。

图 3.55　关闭"幻灯片母版"

⑤ 在标题幻灯片页面中输入相应的文字，完成后的效果如图 3.56 所示。

⑥ 在幻灯片预览区选择标题幻灯片，按 Enter 键，新建 1 张幻灯片，将该幻灯片版式设置为空白版式，如图 5.57 所示。选择第 2 张幻灯片，按 Enter 键，新建第 3 张幻灯片，如图 5.58 所示。

图 3.56　标题幻灯片完成后的效果

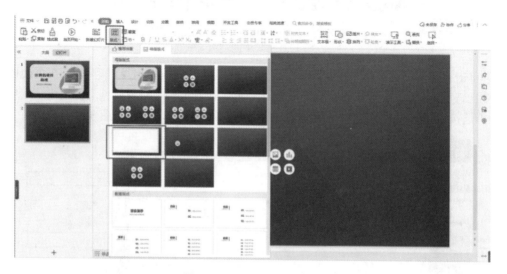

图 3.57　设置新幻灯片版式

图 3.58　新建第 3 张幻灯片

3.3.3　制作思维导图

（1）单击"插入"选项卡中的"思维导图"按钮，在展开的样式中选择"免费专区"下的"浅白灰"思维导图，如图 3.59 所示。

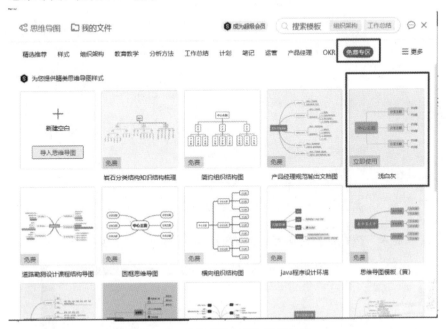

图 3.59　选择"浅白灰"思维导图

（2）单击"立即使用"按钮，进入"思维导图"的编辑状态，选择最下方的"分支主题"，右击，在弹出的快捷菜单中选择"删除"命令，如图 3.60 所示，将该"分支主题"删除；选择"子主题"，右击，在弹出的快捷菜单中选择"插入同级主题"命令，如图 3.61 所示，同级的子主题设置完成。

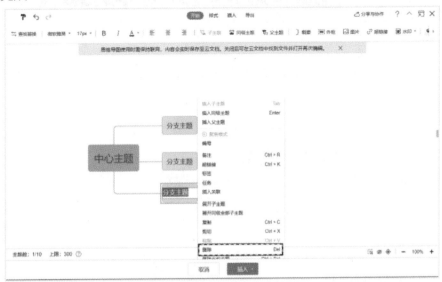

图 3.60　删除最下方的"分支主题"

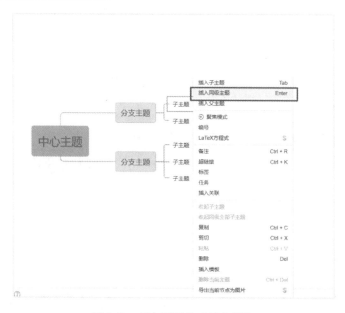

图 3.61　插入同级的"子主题"

（3）单击"插入"按钮，将思维导图结构插入幻灯片页面中，如图 3.62 所示。

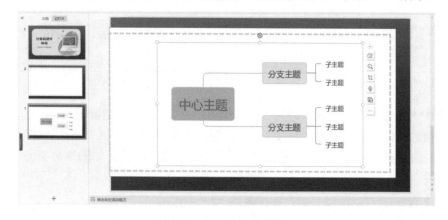

图 3.62　插入思维导图结构

（4）双击"思维导图"进入"思维导图的"编辑状态，依次输入相关文字，如图 3.63 所示。

图 3.63　在"思维导图"中输入相关文字

（5）设置思维导图的风格，如图 3.64 所示。

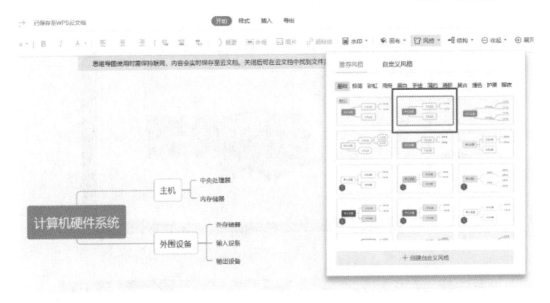

图 3.64　设置思维导图的风格

（6）退出"思维导图"的编辑状态，完成的"思维导图"效果如图 3.65 所示。

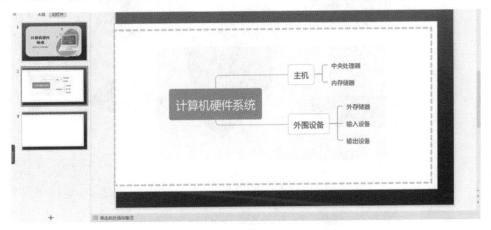

图 3.65　完成的"思维导图"效果

3.3.4　制作硬件组件幻灯片

1. 插入图片素材和箭头图形

（1）插入素材文件夹中的图片，选择所有图片，在"图片工具"选项卡中单击"扣除背景"按钮，在弹出的下拉列表中选择"设置透明色"命令，并将所有图片背景删除，如图 3.66 所示；调整图片大小和位置，如图 3.67 所示。

（2）为各计算机组件图片分别加上文本框，输入计算机组件名称，并将其与相应图片分别组合，效果如图 3.68 所示，以方便下一步进行动画设置。

（3）插入 6 个箭头图形，设置其颜色为"亮天蓝色"，粗细为"5 磅"，调整其长度、位置及方向（从各组件指向机箱）后，将所有箭头图形组合，效果如图 3.69 所示。

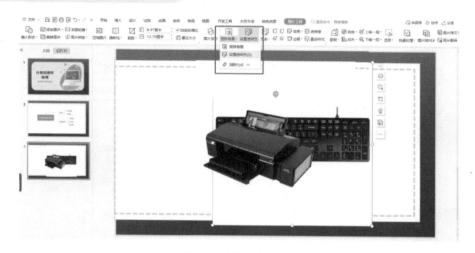

图 3.66 设置图片背景

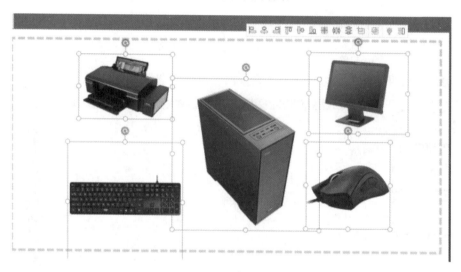

图 3.67 调整图片的大小和位置

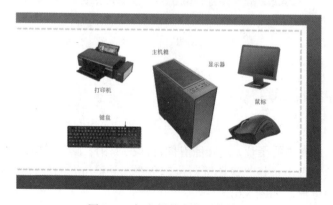

图 3.68 加上组件名称后的效果

2. 设置动画

（1）选择"机箱"图片组，选择"动画"选项卡，将动画效果设置为"百叶窗"，方向设置为"垂直"，速度设置为"慢速"，如图 3.70 所示。

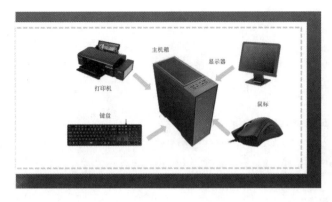

图 3.69　箭头组合后的效果

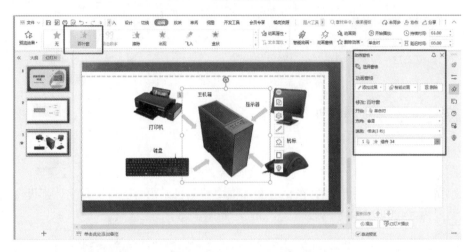

图 3.70　设置"机箱"的动画

（2）将其他组件对象的动画效果都设置为"十字形扩展"，方向设置为"外"，速度设置为"中速"，如图 3.71 所示。

（3）将"箭头"组合对象的动画效果设置为"图形"。在"动画窗格"中（见图 3.72），将动画开始时间设置为"在上一动画之后"，如图 3.73 所示。将开始属性设置为"与上一动画同时"，如图 3.74 所示。

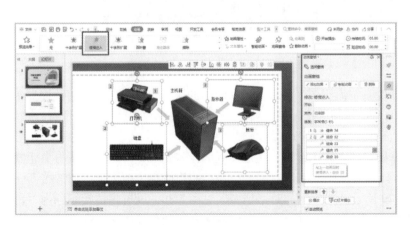

图 3.71　设置其他组件对象的动画

图 3.72　动画窗格

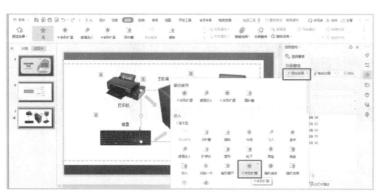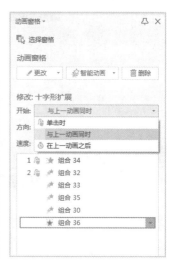

图 3.73　设置"箭头"组合对象的动画　　　　图 3.74　设置"箭头"组合对象
　　　　　　　　　　　　　　　　　　　　　　　　　的开始属性

3.3.5　设置超链接与动作按钮

1. 设置超链接

（1）在"标题"幻灯片的下方新建 1 张幻灯片，幻灯片版式为"标题+目录"。

在标题文本框中输入"目录"，在正文文本框中输入目录内容。将所有字体都设置为白色，标题字号设置为"48"，正文字号设置为"36"，如图 3.75 所示。

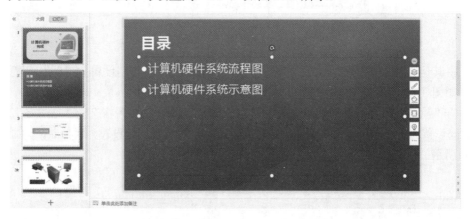

图 3.75　设置目录幻灯片的字体、字号

（2）选定文字"计算机硬件系统流程图"并右击，在弹出的快捷菜单中选择"超链接"命令，如图 3.76 所示；在弹出的"插入超链接"对话框中，选择链接到"本文档中的位置"，然后选择"3.幻灯片 3"，单击"确定"按钮即可，如图 3.77 所示。

（3）将后面的文字"计算机硬件系统示意图"超链接到第 4 张幻灯片，操作步骤与上述操作步骤一样，如图 3.78 所示。再次选中文字，右击，在弹出的快捷菜单中选择"超链接"→"超链接颜色"命令，如图 3.79 所示；在弹出的对话框中（见图 3.80）设置超链接颜色为"白色，背景 1"，单击"应用到当前超链接"按钮。目录幻灯片完成后的效果如图 3.81 所示。

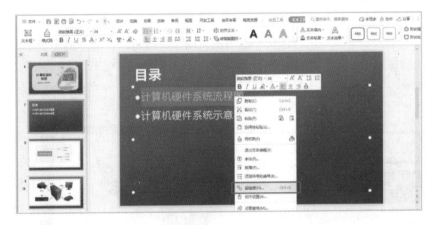

图 3.76 选择"超链接"命令

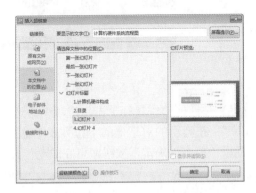

图 3.77 "插入超链接"对话框

图 3.78 为目录幻灯片设置超链接

图 3.79 设置超链接颜色

图 3.80 "超链接颜色"对话框

图 3.81 目录幻灯片完成后的效果

2．设置动作按钮

（1）单击"插入"选项卡的"链接"组中的"动作"按钮，在展开的形状中，选择"动作按钮"中的"后退或前一项"按钮，即可将其插入第 4 张幻灯片的右下角，如图 3.82 所示。

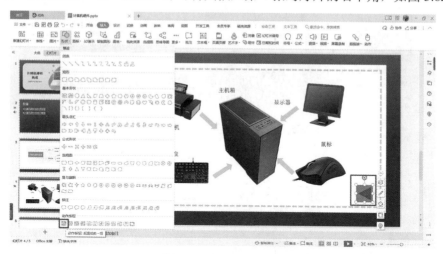

图 3.82　插入动作按钮

（2）在弹出的"动作设置"对话框的"鼠标单击"选项卡中选中"超链接到"单选按钮，在其下拉列表中选择"幻灯片"；在弹出的对话框的下拉列表中选择"2.目录"，单击"确定"按钮，返回"动作设置"对话框，单击"确定"按钮即可完成动作按钮的设置，如图 3.83 所示。

图 3.83　设置动作按钮

3.3.6　设置幻灯片的切换方式

为幻灯片设置不同的切换方式可在一定程度上增强演示文稿的可视性。操作步骤如下：

选择第 1 张幻灯片，单击"切换"选项卡中的"形状"按钮，设置"持续时间"为 0.1s，如图 3.84 所示。

提示：设置背景音乐时，选择"声音"下拉列表中的"风铃"，选中"播放下一段声音前一直循环"。

其他几张幻灯片的切换效果依照前述操作步骤分别设置为"图形""门""推进"。至此，整个演示文稿就制作完成了。

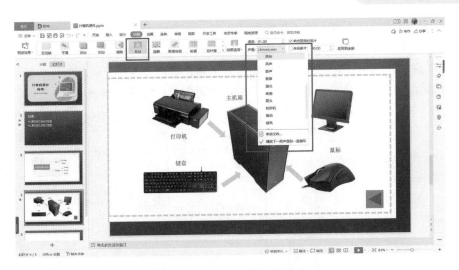

图 3.84 设置幻灯片切换方式

3.3.7 放映演示文稿

无论是对外项目行销，还是公司内部举行会议，作为一名演示文稿的制作者，在公共场合演示时都需要控制演示的时间，为此，需要测定幻灯片放映时的停留时间。用户可以根据实际需要设置幻灯片的放映方式，如普通手动放映、自动放映、自定义放映和排练计时放映等。

1. 演示文稿放映方式

（1）普通手动放映。

在默认情况下，幻灯片的放映方式为普通手动放映。一般来说，普通手动放映是不需要设置的，直接放映幻灯片即可。单击"幻灯片放映"选项卡的"开始放映幻灯片"组中的"从头开始"按钮，如图 3.85 所示，系统开始播放幻灯片，滑动鼠标或者按 Enter 键可切换动画及幻灯片。

图 3.85 单击"从头开始"按钮

（2）自定义放映。

使用自定义幻灯片放映功能，用户可以自定义设置幻灯片，放映部分幻灯片等。

单击"幻灯片放映"选项卡的"开始放映幻灯片"组中的"自定义幻灯片放映"按钮，在弹出的下拉列表中选择"自定义放映"命令，弹出"自定义放映"对话框，如图 3.86 所示，单击"新建"按钮，弹出"定义自定义放映"对话框，如图 3.87 所示，选择需要放映的幻灯片，单击"添加"按钮，然后单击"确定"按钮即可创建自定义放映列表。

图 3.86 "自定义放映"对话框

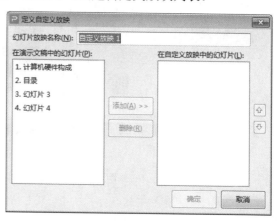

图 3.87 "定义自定义放映"对话框

（3）设置放映方式。

使用设置幻灯片放映功能，用户可以自定义放映类型，设置自定义幻灯片、换片方式和笔触颜色等。

图 3.88 "设置放映方式"对话框

如图 3.88 所示为"设置放映方式"对话框，该对话框中各区域的含义如下。

"放映类型"：用于设置放映的操作对象，包括演讲者放映、观众自行浏览和在展台浏览。

"放映选项"：用于设置是否循环放映、旁白和动画的添加，以及笔触的颜色。

"放映幻灯片"：用于设置具体播放的幻灯片，默认情况下为"全部"播放。

"换片方式"：用于设置换片方式，包括手动换片和自动换片两种换片方式。

（4）使用排练计时。

在公共场合演示时需要控制演示的时间，为此，需要测定幻灯片放映时的停留时间，操作步骤如下：

① 单击"幻灯片放映"选项卡的"设置"组中的"排练计时"按钮，如图 3.89 所示。

图 3.89 单击"排练计时"按钮

② 系统会自动切换到放映模式，并弹出"预演"对话框。在"预演"对话框中会自动计

算当前幻灯片的排练时间,时间单位为 s,如图 3.90 所示。

③ 排练完成后系统会弹出提示对话框,如图 3.91 所示,显示当前幻灯片放映的总时间,单击"是"按钮,即可完成幻灯片的排练计时。

图 3.90 "预演"对话框

图 3.91 提示对话框

任务实施

本任务的关键操作步骤如下:

(1)新建 WPS 空白演示文档,将该文档保存为"计算机硬件构成.xlsx"。

启动 WPS 演示,制作"计算机硬件构成"首页,单击"首页"标签下的"新建"按钮,选择"新建演示"命令,在任务窗格中选择"新建空白演示"。

(2)插入思维导图。

单击"插入"按钮,将思维导图结构插入幻灯片页面中,双击"思维导图"进入思维导图编辑状态。

(3)制作硬件机构展示图,并设置动画和动作按钮。

通过"动画"选项卡设置动画效果,通过"插入"选项卡的"链接"组中的"动作"按钮设置动画。

(4)输入目录中的文字,并对文字进行超链接设置。

右击,在弹出的快捷菜单中选择"超链接"命令。

(5)设置幻灯片切换、放映方式。

选择幻灯片,选择"切换"选项卡,在其中设置"持续时间"等效果。

任务小结

通过学习本任务案例的制作,掌握演示文稿的母版编辑、超链接、幻灯片切换效果、幻灯片放映等知识。

项目拓展练习

练习 1. 打开 ppt 素材文件夹中的"pp19.pptx"文件,按以下要求进行操作。制作完成后以"科教兴国.pptx"为文件名保存在 E 盘下的作业文件夹中,最终效果图如图 3.92 所示(湖南省职业院校职业能力考试真题)。

(1)选择设计主题为"夏至";将幻灯片一的版式改为"标题幻灯片";将主标题内容修改为"基础教育是实施科教兴国的奠基工程",其文字字体为黑体,字号为 32,加粗;添加副标题内容为"1.什么是基础教育 2.基础教育的任务",其文字字体为楷体,字号为 32。

（2）新建幻灯片二，版式为"仅标题"，标题内容为"广义的基础教育，既指普通中小学教育，也包括职业技术教育和成人教育中普通文化科学知识的教育"，其文字字体为宋体，字号为28，加粗；在标题下方插入考生文件夹下的图片"pp191.jpg"。

（3）新建幻灯片三，版式为"仅标题"，内容为"基础教育的任务：培养和提高全体学生的创新精神和实践能力"，其文字字体为宋体，字号为28，加粗；在标题下方插入考生文件夹下的名为"Dp192.jpg"的图片，插入矩形标注，并添加文字"钱学森教授"。将矩形标注设置为"左侧飞入"动画效果。

（4）将幻灯片一中的文字"1.什么是基础教育"设置超链接到第 2 张幻灯片；将文字"2.基础教育的任务"设置超链接到第 3 张幻灯片；在幻灯片二的右下角插入"后退"动作按钮，单击该按钮时链接到上一页；在幻灯片三的右下角插入"结束"动作按钮，单击该按钮时结束放映；将所有动作按钮填充效果设置为"纹理填充-水滴"。

图 3.92　练习 1 效果图

练习 2. 通过"ppt 个人简历素材"文件制作如图 3.93 所示的幻灯片，完成以下任务。

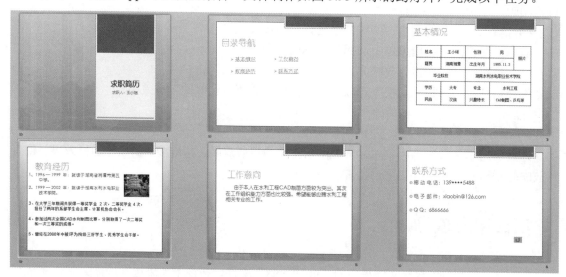

图 3.93　练习 2 效果图

（1）插入新幻灯片。打开 PowerPoint 2003 软件，插入图 3.93 中的 6 张新幻灯片。

（2）输入幻灯片标题。在第 1 张幻灯片中输入如图 3.93 所示的文字，文字字体为幼圆，字号为44、加粗，自定义字体颜色 RGB 为（2，27，43）。

（3）为幻灯片应用模板。使用"奥斯汀"模板修饰全文。

（4）设置幻灯片版式。将第 2、3、4、5、6 张幻灯片版式设置为"标题+竖排文字"。

（5）编辑幻灯片内容。在第 1 张幻灯片中输入如图 3.93 所示的文字，文字字体为幼圆，字号为 44，自定义字体颜色 RGB 为（2，27，43）；在第 2 张幻灯片中设置如图 3.93 所示的项目符号，在第 3 张幻灯片中插入并编辑如图 3.93 所示的表格，在第 4 张幻灯片中输入如图 3.93 所示的图文混排的文字，在第 5 张和第 6 张幻灯片中输入如图 3.93 所示的文字。

（6）设置背景。为第 4 张幻灯片背景添加上红下蓝的过渡色。

（7）设置动画效果。设置第 4 张幻灯片的图片动画效果为擦除效果，文本从上至下都设置为快速从底部向上飞入的效果，动画播放方式为自动播放，并设置动画播放的顺序为图片动画在前文字动画在后。

（8）设置超链接。在第 2 张幻灯片的文字中插入相应的超链接，效果为单击文字即可链接到相对应的幻灯片中。

（9）插入声音。在第 1 张幻灯片中插入声音，声音文件为教材素材库中的 ppt.mp3 文件，效果设置为自动播放、循环播放且在播放时隐藏图标。

（10）插入按钮。在最后 1 张幻灯片中插入如图 3.93 所示的"返回"按钮，并设置单击"返回"按钮即可跳转到第 2 张幻灯片中。

（11）设置幻灯片的切换效果。设置所有幻灯片的切换效果为：单击鼠标出现快速横向百叶窗效果。

项目 4

信息检索

信息检索也称信息搜索，是指通过具体的检索系统从大量的信息中查找用户所需信息的过程，广义的信息检索还包括信息存储的过程。

掌握网络信息的高效检索方法，是现代信息社会对高素质技术技能型人才的基本要求。本项目介绍信息检索的相关知识和方法。

知识目标

● 了解信息检索的原理。
● 掌握布尔逻辑检索的逻辑"与"、逻辑"或"、逻辑"非"、运算次序、截词检索、短语检索等相关概念及其应用。
● 掌握百度搜索引擎的使用技巧。
● 掌握布尔逻辑在 CNKI 数据库中的应用。

能力目标

掌握搜索引擎和专用平台的使用技巧，具有通过信息检索解决在日常学习、生活中遇到问题的能力。

工作场景

日常办公中查找问题解决办法、问题答案、资源、论文等。

任务 1　信息检索概述

➡ 任务提出

信息技术的发展以及信息革命的深化带来了信息资源的快速积累，海量的信息资源在为我们带来信息福利的同时也将我们置于信息过载、信息爆炸的境地，毕竟，在具体场景下我们的信息需求往往是有限的。一方面是海量、繁杂、无序的信息资源，另一方面是具体的信息需求，矛盾解决的途径是信息检索。本任务就是介绍信息检索的相关知识。

➡ 任务要求及分析

了解信息检索的起源、发展及原理。

➡ 相关知识点

4.1.1　信息检索概述

信息检索起源于图书馆的参考咨询和文摘索引工作，从 19 世纪下半叶开始发展，到 20 世纪 40 年代，索引和检索已成为图书馆独立的工具和为用户服务的项目。随着 1946 年世界上第一台电子计算机问世，计算机技术逐步走进信息检索领域，并与信息检索理论紧密结合，出现脱机批量情报检索系统、联机实时情报检索系统。

20 世纪 60 年代到 80 年代，文献信息检索研制成功并商业化，在信息处理技术、通信技术、计算机和数据库技术的推动下，信息检索在教育、军事和商业等领域高速发展，得到广泛应用。Dialog 国际联机情报检索系统是这一时期的信息检索领域的代表，至今仍是世界上著名的系统之一。

按检索对象划分，信息检索可以分为文献检索、数据检索、事实检索。以上三种信息检索类型的主要区别在于：数据检索和事实检索是要检索出包含在文献中的信息本身，文献检索则检索出包含所需要信息的文献即可。

按检索手段划分，信息检索可以分为手工检索、机械检索、计算机检索。

现在发展比较迅速的计算机检索是网络信息检索，即网络信息搜索，是指互联网用户在网络终端，通过特定的网络搜索或者通过浏览的方式，查找并获取信息的行为。

按检索途径划分，信息检索可以分为直接检索、间接检索。

4.1.2　信息检索的原理

信息检索的基本原理是通过对大量的、分散无序的文献信息进行搜集、加工、组织、存储，建立各种各样的检索系统，并通过一定的方法和手段使存储与检索这两个过程所采用的特征标识达到一致，以便有效地获得和利用信息源，如图 4.1 所示。其中，存储是检索的基础，检索是存储的目的。

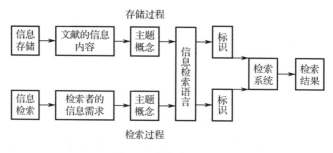

图 4.1　信息检索原理

任务 2　布尔逻辑检索技术

任务提出

信息检索技术经过先组式索引检索、穿孔卡片检索、微缩胶卷检索、脱机批处理检索，发展到了今天的联机检索、光盘检索与网络检索并存，检索方法也不断丰富。逻辑检索是一种比较成熟、较为流行的检索技术，逻辑检索的基础是逻辑运算，绝大部分计算机信息检索系统都支持布尔逻辑检索。因此，本任务介绍常用的布尔逻辑检索方法。

任务要求及分析

掌握布尔逻辑检索的概念及应用，以提高检索效率。

相关知识点

布尔逻辑检索是指利用布尔逻辑运算符连接各个检索词，然后由计算机进行相应的逻辑运算，以找出所需信息的方法。

布尔逻辑检索使用面广、频率高。布尔逻辑运算符的作用是把检索词连接起来，构成一个逻辑检索式。所谓检索式就是我们每次输入搜索引擎中的内容，无论直接输入的是关键词，还是带有搜索指令的关键词，这些都是检索式，是人机对话的语言，表达了我们的搜索意图。

1. 逻辑与

逻辑与用于两个或两个以上概念之间的相交关系或限定关系运算，表示检索的结果中必须满足两个或两个以上条件的单元集合。

符号："AND" 或 "*"

表达式：A AND B（A*B）

检索词 A 和检索词 B 同时出现在一条记录中，其作用是缩小检索范围，提高查准率。

例如，信息 AND 技术，表示搜索的结果中既包含信息又包含技术，以缩小检索范围。

2. 逻辑或

逻辑或用于两个或两个以上概念之间的并列关系运算。表示检索中含有检索词 A 或检索词 B 的文献，其作用是扩大检索范围，提高查全率。

符号："OR" 或 "+"

表达式：A OR B（A+B）

例如，有一门大学专业叫教育技术，但其曾经还有一个名字叫电化教育，为了更全面地了解这个专业的历史，可以搜索"教育技术+电化教育"，搜索结果中就会同时出现包含任意一个关键词的内容，这样会把搜索范围扩大，避免遗漏；查找计算机或电脑或 PC，检索式可以写为"计算机+电脑+PC"。

3. 逻辑非

逻辑非用于表达必须包含检索词 A 但不能包含检索词 B，即在含有检索词 A 的文献中去除含有检索词 B 的文献，其作用是缩小检索范围。

符号："NOT"或"–"

表达式：A NOT B（A–B）

例如，查找信息检索，但不包括数据检索。检索式为"信息检索–数据检索"。

4. 运算次序

布尔逻辑运算符的运算次序为：逻辑"非"→逻辑"与"→逻辑"或"，如果有括号，则括号优先，其与算术运算中的四则运算相似。布尔逻辑检索如图 4.2 所示。

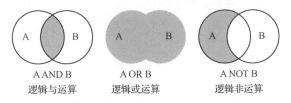

图 4.2　布尔逻辑检索

5. 截词检索

截词检索是预防漏检、提高查全率的一种常用检索技术，大多数系统都提供截词检索的功能。

截词是指在检索词的合适位置进行截断，然后使用截词符进行处理，这样既可节省输入的字符数目，又可达到较高的查全率。尤其在西文检索系统中，使用截词符处理自由词，对提高查全率的效果非常显著。截词检索一般是指后截词，部分支持中间截词。截词检索能够提高检索的查全率。

截词检索就是用截断的词的一个局部进行的检索，并认为凡满足这个词局部中的所有字符（串）的文献，都为命中的文献。按截断的位置来分，截词有后截词、前截词、中截词三种。

在截词检索技术中，常用的是后截词和中截词。如果按所截断的字符数目来划分，有无限截词和有限截词两种。截词算符在不同系统中有不同的表达形式，需要说明的是，并不是所有搜索引擎都支持这种技术。

不同系统所用的截词符不同，常用的有?、$、*等，分为有限截词（即一个截词符只代表一个字符）和无限截词（一个截词符可代表多个字符）。下面以无限截词为例进行说明。

后截断，前方一致。例如：comput?表示 computer，computers，computing 等。

前截断，后方一致。例如：? computer 表示 minicomputer，microcomputer 等。

中截断，中间一致。例如：? comput?表示 minicomputer，microcomputers 等。

6. 短语检索

短语用""表示，检索出与""内形式完全相同的短语，以提高检索的精度和准确度，也有人称其为精确检索。

例如，精确查找信息技术，检索式为"信息技术"，它表示不能触发结果的检索词包括同义近义词、相关词、变体形式（如加空格、语序颠倒、错别字等）、完全包含关键词的短语（语序不能颠倒）。

任务3　百度等搜索引擎的使用技巧

➡ 任务提出

掌握布尔逻辑检索的一般用法后，就可以将这种逻辑检索运用到搜索引擎和数据库中。

➡ 任务要求及分析

先了解搜索引擎，再将布尔逻辑运用到搜索引擎中，以提高检索效率。

➡ 相关知识点

4.3.1　搜索引擎

搜索引擎是指根据一定的策略，运用特定的计算机程序从互联网上采集信息，在对信息进行组织和处理后，为用户提供检索服务，将检索的相关信息展示给用户的系统。搜索引擎是工作于互联网上的一门检索技术，它旨在提高人们获取搜集信息的速度，为人们提供更好的网络使用环境。

搜索引擎是一个对互联网信息资源进行搜索整理和分类，并存储在网络数据库中供用户查询的系统，包括信息搜集、信息分类、用户查询三部分。对用户而言，搜索引擎提供一个包含搜索框的页面，在搜索框中输入词语，通过浏览器提交给搜索引擎后，就会返回和用户输入内容相关的信息列表。搜索引擎涉及多领域的理论和技术，如数字图书馆、数据库、信息检索、信息提取、人工智能、机器学习等，具有综合性和挑战性。对普通网络用户而言，搜索引擎仅仅是一种查询工具。

国内常用的搜索引擎有百度搜索引擎、360搜索引擎、搜狗搜索引擎等。

4.3.2　百度搜索引擎

百度是全球领先的中文搜索引擎，于2000年1月由李彦宏、徐勇创立于北京中关村，致力于向人们提供"简单、可依赖"的信息获取方式，如图4.3所示。"百度"二字，来自南宋词人辛弃疾的一句词：众里寻他千百度。从创立之初，百度便将"让人们最平等、便捷地获取信息，找到所求"作为自己的使命。

图4.3　百度搜索引擎

1. 百度搜索引擎的三种逻辑运算符的使用方法

（1）逻辑与为"空格"，例如，搜索中国最长的公路桥，检索式为：

中国　最长　公路桥

（2）逻辑或为"|"，例如，搜索番茄或者西红柿，检索式为：

番茄|西红柿

（3）逻辑非为"–"，（在"–"前面要输入一个空格）。例如，搜索 NX11.0 的使用教程，但不包含下载和安装教程，检索式为：

NX11.0 教程 –下载 –安装

需要注意的是，前一个关键词与减号之间必须有空格，否则，减号会被当成连字符处理，而失去减号的语法功能，减号和后面一个关键词之间，有无空格均可。

2. 百度搜索引擎搜索技巧

1）图片搜索

如果某人想在网络中搜索与已有图片相似的图片，则可以在百度的百度识图中搜索互联网上与该图片相似的其他图片资源，同时也能找到该图片的相关信息。购物搜索引擎也是通过上传图片或输入图片的 URL 地址，搜索到全网同款和相似商品的。

方法：在百度搜索引擎中搜索"百度识图"，可通过拖曳或粘贴图片、粘贴图片网址或拍照进行图片搜索，如图 4.4 所示。

图 4.4　百度识图页面

2）把搜索范围限定在网页标题中——intitle

为了避免在百度中总是搜索到零零散散、相关度很低的内容，把查询内容范围限定在网页标题中，能获得很好的效果，因为标题通常是对网页内容提纲挈领式的归纳。

方法：输入"关键词　空格　intitle:需要限定的关键词"。

例如，搜索刘亦菲穿着迪奥服装的照片，可以在百度搜索引擎中输入以下内容进行搜索：

刘亦菲

或
刘亦菲　intitle:迪奥

两种搜索方式的对比如图 4.5 所示。

需要注意的是，"intitle:"与后面的关键词之间不要有空格。

3）把搜索范围限定在特定站点中——site

如果知道某个站点中有自己需要查找的内容，则可以把搜索范围限定在该站点中，以提高查询效率。

方法：在查询内容的后面加上"site:站点域名"。

图 4.5　两种搜索方式的对比

　　例如，新华网的新闻报道真实性和可靠性较高，我们在新华网中搜索有关美国大选的新闻，可以在百度搜索引擎中输入以下内容进行搜索：

美国大选

或　　　　　　　　　　　美国大选 site:xinhuanet.com

两种搜索方式的对比如图 4.6 所示。

图 4.6　两种搜索方式的对比

图 4.6　两种搜索方式的对比（续）

需要注意的是，"site:"后面跟的站点域名不要带"http://"，另外，"site:"与站点域名之间不要有空格。

4）短语搜索——""或《》（双引号或书名号）

如果输入的查询词很长，那么百度在经过分析后，给出的搜索结果中的查询词可能是拆分的。若不满意，可以让百度不拆分查询词，方法是给查询词加上双引号。

例如，搜索式为：湖南水利水电职业技术学院，即查询词不加双引号，搜索结果可能被拆分，效果不是很好，但加上双引号，即用检索式："湖南水利水电职业技术学院"进行搜索，得到的结果就都符合要求了。

书名号是百度独有的一个特殊查询语法。在其他搜索引擎中，书名号会被忽略，而在百度，中文书名号是可被查询的。加上书名号的查询词有两个特殊功能，一是书名号会出现在搜索结果中；二是被书名号括起来的内容，不会被拆分。书名号在某些情况下特别有用。

例如，搜索名字很通俗和常用的电影或小说。如搜索电影《手机》，如果不加书名号，很多情况下搜索出来的是通信工具——手机，而加上书名号，即用检索式：《手机》进行搜索，得到的结果就都是关于电影方面的。

5）专业文档搜索——filetype：文档格式

当搜索电子书或者 DOC、TXT、PDF 文档时，就能使用这种方法，其主要作用就是搜索类型相匹配的文件。现在百度支持的文件格式有 PDF、DOC、XLS、ALL、PPT，其中 ALL 表示搜索所有百度支持的文件，这样返回的结果会更多。例如，某人在做"中国榜样"演讲时，想参考别人是怎么做 PPT 的，可以输入以下内容进行搜索：

中国榜样　filetype:ppt

搜索指令"filetype"也可以与其他高级指令组合。这样可以更精准地定位文件。例如，某人想搜索求职简历，为了提高查询效率可以将"intitle"和"filetype"两个搜索指令组合，检索式为：

求职简历

或   intitle:求职简历 filetype:doc

两种搜索方法的对比如图 4.7 所示。

图 4.7   两种搜索方式的对比

6）百度高级搜索

除了以上介绍的搜索指令，每个搜索引擎还都有高级搜索界面，能帮助我们进行更高级的限定搜索。

在百度高级搜索界面中，可以对关键词、搜索结果显示条数、时间、语言、文档格式等进行设置，从而更加精确地搜索到结果。

百度的高级搜索入口如图 4.8 所示，进入百度搜索引擎，单击"设置"→"高级搜索"，即可进入百度高级搜索界面，如图 4.9 所示。

图 4.8　百度高级搜索入口

图 4.9　百度高级搜索界面

既然有了高级搜索界面，我们还有必要学习搜索指令吗？有必要，就好像我们会打开百度搜索引擎输入关键词，但还是要学习搜索方面的相关知识，其中的原因是一样的。在你真正掌握一项技能前，对于它的潜力你是没有办法评价的，而对于事物的理解越深入，掌握的属性和技能越多，能挖掘的资源和财富就越多。

3. 其他搜索引擎

1）360 搜索引擎

360 搜索引擎属于元搜索引擎，是搜索引擎中的一种，如图 4.10 所示。它通过一个统一的用户界面帮助用户在多个搜索引擎中选择和使用合适的搜索引擎来实现检索操作，是一种对分布于网络的多种检索工具的全局控制机制。

图 4.10　360 搜索

2）搜狗搜索引擎

搜狗搜索引擎是全球第三代互动式搜索引擎，支持微信公众号和文章搜索、知乎搜索、英文搜索及翻译等，通过自主研发的人工智能算法为用户提供专业、精准、便捷的搜索服务，如图 4.11 所示。

图 4.11　搜狗搜索

任务 4　布尔逻辑在 CNKI 数据库中的应用

任务提出

作为一名大学生，要了解本专业或学科的知识，仅学习课堂上教师所传授的知识是不够的，还应该了解相关学科、专业的发展动态和行业发展动态。中国知网就是提供这些信息的平台。

任务要求及分析

了解中国知网，并将布尔逻辑运用到中国知网中，以提高检索效率。

相关知识点

1. 中国知网

中国知网简称 CNKI。CNKI 即中国知识基础设施工程（China National Knowledge Infrastructure），是由清华同方光盘股份有限公司、中国学术期刊（光盘版）电子杂志社、光盘国家工程研究中心等单位，于 1999 年 6 月在《中国学术期刊（光盘版）》（CAJ-CD）和中国期刊网（CJN）全文数据库建设的基础上研发的一项规模更大、内容更广、结构更系统的知识信息化建设项目，主要包括知识创新网和基础教育网。"中国期刊全文数据库"是 CNKI 知识创新网中最具特色的一个文献数据库。

2. 使用中国知网检索论文

（1）使用搜索引擎搜索"中国知网"，或者通过网址进入中国知网主界面，如图 4.12 所示。

图 4.12　中国知网主界面

其检索类型包括文献检索、知识元检索和引文检索，这里选择"文献检索"。

（2）一般检索可以通过相应的检索字段进行检索，检索字段包括主题、篇关摘、关键词、篇名、作者等，如图 4.13 所示。

其中主题检索是指在中国知网标引出来的主题字段中进行检索，该字段内容包含一篇文章的所有主题特征，同时在检索过程中嵌入专业词典、主题词表、中英对照词典、停用词表等工具，并采用关键词截断算法，将低相关或微相关文献进行截断。篇关摘是指在篇名、关键词、摘要中进行检索。

图 4.13　中国知网检索界面

（3）检索字段选择"主题"，在文本框中输入"信息技术"，检索结果以列表的形式显示，也可以选择关键字、篇名等其他关键信息进行检索。同时可以对检索结果列表按照相关度、发表时间、被引量和下载量进行排序，如图 4.14 所示。

图 4.14　检索结果

（4）单击一篇文章，进入该文章概况页面，如图 4.15 所示。

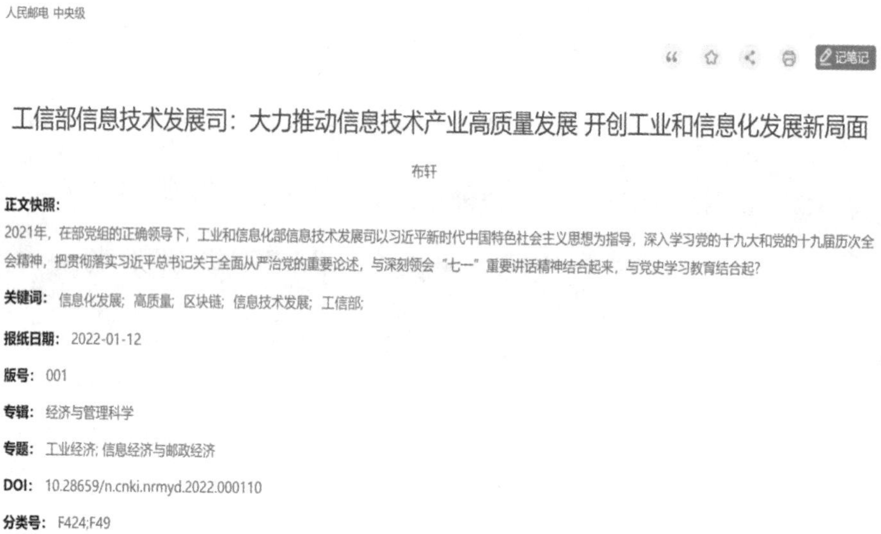

人民邮电 中央级
记笔记
工信部信息技术发展司：大力推动信息技术产业高质量发展 开创工业和信息化发展新局面
布轩
正文快照：
2021年，在部党组的正确领导下，工业和信息化部信息技术发展司以习近平新时代中国特色社会主义思想为指导，深入学习党的十九大和党的十九届历次全会精神，把贯彻落实习近平总书记关于全面从严治党的重要论述，与深刻领会“七一”重要讲话精神结合起来，与党史学习教育结合起?
关键词：信息化发展；高质量；区块链；信息技术发展；工信部；
报纸日期：2022-01-12
版号：001
专辑：经济与管理科学
专题：工业经济；信息经济与邮政经济
DOI：10.28659/n.cnki.nrmyd.2022.000110
分类号：F424;F49

图 4.15　文章概况页面

（5）如果想高效快捷地定位到某篇文章，则可以在高级检索中增加多个检索条件，条件之间的逻辑关系有“AND”“OR”“NOT”三类，“AND”表示两个条件同时满足，“OR”表示满足其一即可，“NOT”表示排除后面的条件。同时还可以增加“发表时间”“文献来源”“支持基金”等控制信息来逐步缩小检索范围。

（6）在中国知网主界面选择“高级检索”，进入高级检索页面，如图 4.16 所示，输入检索条件关键词或作者信息，并将检索结果按照“发表时间”降序进行排列，如图 4.17 所示。

www.cnki.net
高级检索
专业检索
作者发文检索
句子检索
一框式检索 | 知识元检索 | 引文检索
文献分类
主题
精确
AND
作者
精确
AND
文献来源
精确
网络首发
增强出版
基金文献
中英文扩展
同义词扩展
时间范围：
发表时间
更新时间
不限
重置条件
检 索
高级检索使用方法：
例如：

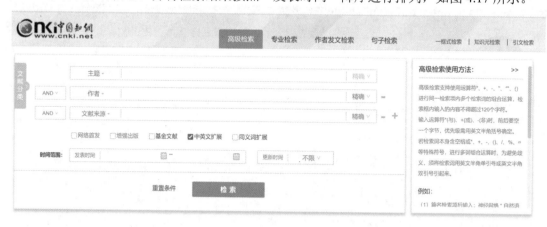

图 4.16　高级检索页面

（7）如图 4.18 所示，单击文章页面右上角的“记笔记”按钮，进入中国知网的记笔记平台，如图 4.19 所示。

图 4.17 布尔逻辑检索（高级检索）

图 4.18 记笔记平台入口

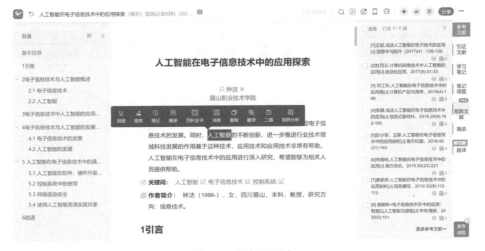

图 4.19 记笔记平台

案例实操：应用布尔逻辑和高级检索式直达高质量文档。

如果我们要检索"区块链的技术应用"的文档，那么高级检索式应该怎么构建才能进行精确检索呢？高级检索式的构建在学术检索中非常重要，尤其是在研究课题和方向已经很明确、检索范围很小的情况下。

（1）通过构建高级检索式，厘清检索逻辑。

首先想一想，在"区块链的技术应用"中，"区块链"一词是一个足够精确的名词了，"技术"和"应用"二者是什么关系？二者用 OR 还是用 AND 连接？其实这里想要的检索结果是区块链在各个领域中发展出来的技术或者应用场景，所以，在这里用 OR 连接会更符合检索目标。

这里的高级检索式为

"区块链"AND（"技术"OR"应用"）

当然，检索本身就是一个不断实践不断优化的过程，即根据检索结果调整检索式。因此，这个检索式也不一定是唯一可行的，不断地调整思路进行探索，也是检索的乐趣所在。

（2）专业检索表达式语法。

虽然高级检索式的逻辑是一样的，但不同数据库对检索式的语法有细节上的差别。图 4.20 是对中国知网高级检索的说明。我们在使用中国知网构建检索式时，要遵循这些语法。

> 高级检索支持使用运算符*、+、-、"、""、()进行同一检索项内多个检索词的组合运算，检索框内输入的内容不得超过 120 个字符。
> 输入运算符*(与)、+(或)、-(非)时，前后要空一个字节，优先级需用英文半角括号确定。
> 若检索词本身含空格或*、+、-、()、/、%、=等特殊符号，进行多词组合运算时，为避免歧义，须将检索词用英文半角单引号或英文半角双引号引起来。
>
> 例如：
> （1）篇名检索项后输入：神经网络 * 自然语言，可以检索到篇名包含"神经网络"及"自然语言"的文献。
> （2）主题检索项后输入：(锻造 + 自由锻)* 裂纹，可以检索到主题为"锻造"或"自由锻"，且有关"裂纹"的文献。
> （3）如果需检索篇名包含"digital library"和"information service"的文献，在篇名检索项后输入：'digital library' * 'information service'。
> （4）如果需检索篇名包含"2+3"和"人才培养"的文献，在篇名检索项后输入：'2+3' * 人才培养。

图 4.20 中国知网高级检索

在使用不同数据库时，一个个地记住数据库的语法不太现实，但这些数据库都有高级检索界面，可以基于检索式的逻辑，使用其高级检索界面来取代复杂的语法。当我们使用普通检索方法来输入关键词"区块链的技术应用"时，检索结果如图 4.21 所示。

图 4.21 使用普通检索方法在中国知网检索"区块链的技术应用"

如果根据之前构建的检索逻辑，区块链的"技术"和"应用"按照 OR 的逻辑来连接的话，那么我们就可以使用如图 4.22 所示的高级检索方法来选择并进行检索。可以看到，检索结果既覆盖关键词又覆盖主题，并且在所选择文章的发表时间范围内，可以确保检索到的文章是最近发表的。

图 4.22 使用高级检索方法在中国知网检索"区块链的技术应用"

对比图 4.21 与图 4.22 中的两个检索结果，可以看到两者明显不同，利用高级检索方法得到的有用信息明显多一些。

项目拓展练习

一、单项选择题

1. 利用截词技术检索"?英语考试"，下列检索结果正确的是（   ）。

    A．英语四级考试　　　　　　　　　　B．英语考试成绩

    C．英语考试报名　　　　　　　　　　D．六级英语考试

2. 布尔逻辑表达式"在职人员 NOT（中年 AND 教师）"的检索结果是（   ）。

    A．检索出除了中年教师的在职人员的数据

    B．中年教师的数据

    C．中年和教师的数据

    D．在职人员的数据

3. 布尔逻辑检索中检索符号"OR"的主要作用是（   ）。

    A．提高查准率　　　　　　　　　　　B．提高查全率

    C．排除不必要信息　　　　　　　　　D．减少文献输出量

4. 利用百度搜索引擎检索，逻辑运算符"或"的关系用（   ）来表示。

    A．+　　　　　　　B．>　　　　　　　C．-　　　　　　　D．*

5. 布尔逻辑运算符"NOT"可用（   ）进行替换使用。

    A．+　　　　　　　B．>　　　　　　　C．-　　　　　　　D．*

6. 在截词检索中，（   ）代表的是有限检索。

    A．?　　　　　　　B．>　　　　　　　C．*　　　　　　　D．-

7. 查找"关于西红柿栽培方面"的资料，下列检索式最准确的是（   ）。

    A．（西红柿 AND 番茄）OR 栽培　　　B．（西红柿 AND 番茄）AND 栽培

    C．（西红柿 OR 番茄）OR 栽培　　　　D．（西红柿 OR 番茄）AND 栽培

8. 在百度搜索引擎中精确查找关于"虚拟技术在内燃机中的应用"方面的 PDF 格式的文件，最宜使用下列（   ）检索式。

    A．filetype:jpg 虚拟技术在内燃机中的应用

    B．filetype:pdf 虚拟技术在内燃机中的应用

    C．site:pdf 虚拟技术在内燃机中的应用

    D．intitle:pdf 虚拟技术在内燃机中的应用

9. 在搜索引擎的高级检索语法中，（   ）体现了精确匹配。

    A．加号　　　　　　B．减号　　　　　　C．双引号　　　　　D．空格

二、拓展训练

通过中国知网，检索并下载一篇与自己专业相关的论文。

项目5

新一代信息技术

当前正处在新一代信息技术产业蓬勃发展的时代，新时代青年要了解和掌握新一代信息技术的相关知识和技术，在新一代信息技术的发展浪潮中做时代的弄潮儿，在"产业数字化、数字产业化"发展背景下，我们应该加强学习，助力实现"把核心技术掌握在自己手中"的目标。

知识目标

- 了解新一代信息技术的概念。
- 了解 5G 技术的概念和应用。
- 了解云计算技术的概念和应用。
- 了解大数据技术的概念和应用。
- 了解物联网技术的概念和应用。
- 了解移动互联网技术的概念和应用。
- 了解人工智能技术的概念和应用。
- 了解量子技术的概念和应用。
- 了解区块链技术的概念和应用。
- 了解新一代信息技术在生活中的应用。

能力目标

了解新一代信息技术：移动通信技术（5G）、云计算、人工智能、物联网。

工作场景

- 在课堂上学习新一代信息技术。
- 在网络中学习新一代信息技术。

任务 1　认识新一代信息技术

➡ 任务描述

数字化、网络化、智能化是新一轮科技革命的突出特征，也是新一代信息技术的核心。新一代信息技术产业的发展每年都以惊人的速度攀升，在全球范围内，信息技术的快速发展正在改变世界。从产业模式和运营模式，到消费结构和思维方式，信息技术对城市、地区，甚至对国家发展进程的影响程度将会越来越深，而它自身的发展趋势也会根据"科研技术进展"和"市场热度"不断变化。如今，"数字经济""人工智能""跨界融合"已成为新一代信息产业发展的趋势。身为新时代青年，必须了解和掌握新一代信息技术的相关知识和技术。

➡ 任务分析

充分认识和了解新一代信息技术的内涵，理解和掌握新一代信息技术的相关知识和技术，了解其在生活中的作用和影响，以积极主动的心态去拥抱新技术。

➡ 知识准备

5.1.1　新一代信息技术的概念

新一代信息技术是在云计算、大数据、人工智能等新兴技术产业不断产生和发展壮大的过程中，逐渐产生并完善的概念，承接原有信息技术的概念，并赋予新的内涵。

2010 年 10 月 10 日，国务院发布的《国务院关于加快培育和发展战略性新兴产业的决定》（发文字号：国发〔2010〕32 号）中明确了七大国家战略性新兴产业体系，其中包括新一代信息技术产业。关于发展新一代信息技术产业的主要内容是，"加快建设宽带、泛在、融合、安全的信息网络基础设施，推动新一代移动通信、下一代互联网核心设备和智能终端的研发及产业化，加快推进三网融合，促进物联网、云计算的研发和示范应用。着力发展集成电路、新型显示、高端软件、高端服务器等核心基础产业。提升软件服务、网络增值服务等信息服务能力，加快重要基础设施智能化改造。大力发展数字虚拟等技术，促进文化创意产业发展"。

2021 年 03 月 16 日，国家发改委、教育部、科技部等部门联合发布的《关于加快推动制造服务业高质量发展的意见》中提出，要"利用 5G、大数据、云计算、人工智能、区块链等新一代信息技术，大力发展智能制造，实现供需精准高效匹配，促进制造业发展模式和企业形态根本性变革。加快发展工业软件、工业互联网，培育共享制造、共享设计和共享数据平台，推动制造业实现资源高效利用和价值共享"。

2021 年 10 月 17 日，国资委印发《关于进一步深化法治央企建设的意见》，其中提出，"运用区块链、大数据、云计算、人工智能等新一代信息技术，推动法务管理从信息化向数字化升级，探索智能化应用场景，有效提高管理效能。深化合同管理、案件管理、合规管理等重点领域信息化、数字化建设，将法律审核嵌入重大决策、重要业务管理流程，通过大数据等手段，实现法律合规风险在线识别、分析、评估、防控"。

　　可见新一代信息技术是指以 5G、区块链、大数据、云计算、人工智能、量子信息、移动通信、物联网等为代表的新兴技术。它既是信息技术的纵向升级，也是信息技术之间及其与相关产业的横向融合。

5.1.2　5G 技术

1. 什么是 5G 技术

　　5G 是第五代移动通信技术（5th Generation Mobile Communication Technology）的简称，是具有高速率、低时延和大连接特点的新一代宽带移动通信技术，是实现人、机、物互联的网络基础设施。

　　移动通信延续着每十年一代技术的发展规律，历经 1G、2G、3G、4G 的发展。每一次代际跃迁，每一次技术进步，都极大地促进了产业升级和经济社会发展。从 1G 到 2G，实现了模拟通信到数字通信的过渡，移动通信走进了千家万户；从 2G 到 3G、4G，实现了语音业务到数据业务的转变，传输速率成百倍提升，促进了移动互联网应用的普及和繁荣。当前，移动网络已融入社会生活的方方面面，深刻改变了人们的沟通、交流乃至整个生活方式。4G 网络造就了繁荣的互联网经济，解决了人与人随时随地通信的问题，随着移动互联网快速发展，新服务、新业务不断涌现，移动数据业务流量爆炸式增长，4G 移动通信系统难以满足未来移动数据业务流量的需求，急需研发下一代移动通信（5G）系统。

　　5G 作为一种新型移动通信网络，不仅要解决人与人的通信问题，为用户提供增强现实、虚拟现实、超高清 3D 视频等更加身临其境的极致业务体验，更要解决人与物、物与物的通信问题，满足移动医疗、车联网、智能家居、工业控制、环境监测等物联网应用需求。最终，5G 将渗透到经济社会的各行业和领域，成为支撑经济社会数字化、网络化、智能化转型的关键新型基础设施。

2. 5G 性能指标

　　为满足 5G 多样化的应用场景需求，5G 的关键性能指标更加多元化，其中高速率、低时延、大连接成为 5G 最突出的特征，用户感知速率达 1Gbps，时延低至 1ms，用户连接能力达 100 万连接/平方千米。

　　（1）移动性。

　　移动性是历代移动通信系统重要的性能指标，指在满足一定系统性能的前提下，通信双方最大相对移动速度。5G 移动通信系统需要支持飞机、高速公路、城市地铁等超高速移动场景，同时也需要支持数据采集、工业控制等低速移动或非移动场景，5G 移动性要求达到 500km/h 以上。

　　（2）时延。

　　在 4G 时代，网络架构的扁平化设计大大降低了系统时延。在 5G 时代，车辆通信、工业控制、增强现实等业务应用场景对时延提出了更高要求，最低空口时延要求达到 1ms。在网络架构设计中，时延与网络拓扑结构、网络负荷、业务模型、传输资源等因素密切相关。

　　（3）用户感知速率。

　　5G 时代将构建以用户为中心的移动生态信息系统，首次将用户感知速率作为网络性能指标，要求用户感知速率达到 0.1～1Gbps。

（4）峰值速率。

峰值速率是指用户可以获得的最大传输速率，相比 4G 网络，5G 网络峰值速率网络进一步提升，可以达到 10Gbps 以上。

（5）连接数密度。

在 5G 时代存在大量物联网应用需求，网络要求具备超千亿设备连接能力。连接数密度是指单位面积内可以支持的在线设备总和，是衡量 5G 网络对海量规模终端设备支持能力的重要指标，一般不低于百万/km^2。

（6）流量密度。

流量密度是单位面积内的总流量数，是衡量移动网络在一定区域内的数据传输能力。在 5G 时代需要支持一定局部区域的超高数据传输，网络架构应该支持提供数十 Tbps/km^2 的流量。在实际网络中，流量密度与网络拓扑结构、用户分布、业务模型等因素相关。

3. 5G 三大业务场景

目前，国际标准化组织 3GPP 为 5G 定义了三大业务场景。其中，eMBB 指 3D/超高清视频等大流量移动宽带业务，mMTC 指大规模物联网业务，URLLC 指无人驾驶、工业自动化等需要低时延、高可靠连接的业务。这三大业务场景分别指向不同的领域，涵盖了我们工作和生活的方方面面。

（1）eMBB：大流量移动宽带业务。

eMBB（Enhance Mobile Broadband）即增强移动宽带，是指在现有移动宽带业务场景的基础上，对用户体验等性能的进一步提升，这也是最贴近我们日常生活的应用场景。5G 在这方面带来的最直观的感受就是网速的大幅提升，即便是观看 4K 高清视频，峰值也能达到 10Gbps。

（2）mMTC：大规模物联网业务。

mMTC 将在 6GHz 以下的频段发展，同时应用在大规模物联网上。目前，在这方面可见的发展是 NB-IoT。以往的 Wi-Fi、Zigbee、蓝牙等无线传输技术，属于家庭用的小范围技术，回传线路（Backhaul）主要都是靠 LTE。近期，随着大范围覆盖的 NB-IoT、LoRa 等技术标准的出台，会使物联网的发展更为广泛。

5G 低功耗、大连接、低时延和高可靠场景主要面向物联网业务，作为 5G 新拓展的场景，重点解决传统移动通信无法很好地支持物联网及垂直行业应用的问题。低功耗、大连接场景主要面向智慧城市、环境监测、智能农业、森林防火等以传感和数据采集为目标的应用场景，具有小数据包、低功耗、海量连接等特点。这类终端分布范围广且数量众多，不仅要求网络具备超千亿连接的支持能力，满足 100 万/km^2 连接数密度指标要求，而且还要保证终端的超低功耗和超低成本。

（3）URLLC：无人驾驶、工业自动化等业务。

URLLC 的特点是高可靠、低时延、极高的可用性。它包括以下各类场景及应用：工业应用和控制、交通安全和控制、远程制造、远程培训、远程手术等。URLLC 在无人驾驶业务方面具有很大潜力，另外，它对安防行业也十分重要。

工业自动化控制需要时延大约为 10ms（这一要求在 4G 时代难以实现），而在无人驾驶方面，对时延的要求则更高，传输时延需要低至 1ms，而且对安全可靠的要求极高。

4. 5G 应用领域

（1）工业领域。

以 5G 为代表的新一代信息通信技术与工业经济深度融合，为工业乃至产业数字化、网络化、智能化发展提供了新的实现途径。5G 在工业领域的应用涵盖研发设计、生产制造、运营管理及产品服务四大工业环节，主要包括 16 类应用，分别为 AR/VR 研发实验协同、AR/VR 远程协同设计、远程控制、AR 辅助装配、机器视觉、AGV 物流、自动驾驶、超高清视频、设备感知、物料信息采集、环境信息采集、AR 产品需求导入、远程售后、产品状态监测、设备预测性维护、AR/VR 远程培训。当前，机器视觉、AGV 物流、超高清视频等场景已取得规模化复制的效果，实现"机器换人"，大幅降低人工成本，有效提高产品检测准确率，达到了提高生产效率的目的。未来，远程控制、设备预测性维护等场景将会产生较高的商业价值。

以钢铁行业为例，5G 技术赋能钢铁制造，可实现钢铁行业智能化生产、智慧化运营及绿色发展。在智能化生产方面，利用 5G 网络的低时延特性，在实现远程实时控制机械设备、提高运维效率的同时，可促进厂区无人化转型；借助 5G+AR 眼镜，专家可在后台对传回的 AR 图像进行文字、图片等形式的标注，实现对现场运维人员的实时指导，提高运维效率；利用 5G+大数据，可对钢铁生产过程中的数据进行采集，实现钢铁制造主要工艺参数在线监控、在线自动质量判定，实现对生产工艺质量的实时掌控。在智慧化运营方面，利用 5G+超高清视频，可实现钢铁生产流程及人员生产行为的智能监管，及时判断生产环境及人员操作是否存在异常，提高生产安全性。在绿色发展方面，利用 5G 大连接特性采集钢铁各生产环节的能源消耗和污染物排放数据，可协助钢铁企业找出问题严重的环节并进行工艺优化和设备升级，降低能耗成本和环保成本，实现清洁低碳的绿色化生产。

5G 在工业领域丰富的融合应用场景将为工业体系变革带来极大潜力，促进工业智能化、绿色化发展。"5G+工业互联网" 512 工程实施以来，行业应用水平不断提升，从生产外围环节逐步延伸至研发设计、生产制造、质量检测、故障运维、物流运输、安全管理等核心环节，在电子设备制造、装备制造、钢铁、采矿、电力行业率先发展，培育形成协同研发设计、远程设备操控、设备协同作业、柔性生产制造、现场辅助装配、机器视觉质检、设备故障诊断、厂区智能物流、无人智能巡检、生产现场监测十大典型应用场景，助力企业降本提质和安全生产。

（2）车联网与自动驾驶。

5G 车联网助力汽车、交通应用服务的智能化升级。5G 网络的大带宽、低时延等特性，支持实现车载 VR 视频通话、实景导航等实时业务。利用车联网 C-V2X（包含直连通信和 5G 网络通信）的低时延、高可靠和广播传输特性，车辆可实时对外广播自身定位、运行状态等基本安全信息，以及交通灯或电子标志等交通管理与指示信息，支持实现路口碰撞预警、红绿灯诱导通行等应用，显著提高车辆行驶安全和出行效率，后续还将支持实现更高等级、复杂场景的自动驾驶服务，如远程遥控驾驶、车辆编队行驶等。5G 网络可支持港口岸桥区的自动远程控制、装卸区的自动码货以及港区的车辆无人驾驶应用，显著降低自动导引运输车控制信号的时延，以保障无线通信质量与作业可靠性，可使智能理货数据传输系统实现全天候、全流程的实时在线监控。

（3）能源领域。

在电力领域，能源电力生产包括发电、输电、变电、配电、用电五个环节，目前，5G 在电力领域的应用主要面向输电、变电、配电、用电四个环节开展，应用场景主要涵盖采集监控类业务及实时控制类业务，包括输电线无人机巡检、变电站机器人巡检、电能质量监测、配电自动化、配网差动保护、分布式能源控制、高级计量、精准负荷控制、电力充电桩等。当前，基于 5G 大带宽特性的移动巡检业务较为成熟，可实现应用复制推广，通过无人机巡检、机器人巡检等新型运维业务的应用，促进监控、作业、安防向智能化、可视化、高清化升级，大幅提高输电线路与变电站的巡检效率；配网差动保护、配电自动化等控制类业务现处于探索验证阶段。未来，随着网络安全架构、终端模组等问题的逐渐解决，控制类业务将会进入高速发展期，提高配电环节故障定位精准度和处理效率。

在煤矿领域，5G 应用涉及井下生产与安全保障两大部分，应用场景主要包括作业场所视频监控、环境信息采集、设备数据传输、移动巡检、作业设备远程控制等。当前，煤矿利用 5G 技术实现地面操作中心对井下综采工作面采煤机、液压支架、掘进机等设备的远程控制，大幅减少了原有线缆维护量及井下作业人员；在井下机电硐室等场景部署 5G 智能巡检机器人，实现机房硐室自动巡检，极大地提高了检修效率；在井下关键场所部署 5G 超高清摄像头，实现了环境与人员的精准实时管控。煤矿利用 5G 技术进行智能化改造能够有效减少井下作业人员，降低井下事故发生率，遏制重特大事故的发生，实现煤矿的安全生产。当前取得的应用实践经验已逐步开始规模推广。

（4）教育领域。

5G 在教育领域的应用主要围绕智慧课堂及智慧校园两方面开展。5G+智慧课堂：凭借 5G 的低时延、高速率特性，结合 VR/AR/全息影像等技术，可实现实时传输影像信息，为两地提供全息、互动的教学服务，提升教学体验；5G 智能终端通过 5G 网络收集教学过程中的全场景数据，结合大数据及人工智能技术，可构建学生的学情画像，为教学等提供全面、客观的数据分析，提高教育教学精准度。5G+智慧校园：基于超高清视频的安防监控可为校园提供远程巡考、校园人员管理、学生作息管理、门禁管理等应用，解决校园陌生人进校、危险探测不及时等安全问题，提高校园管理效率和水平；基于 AI 图像分析、GIS（地理信息系统）等技术，可对学生出行、活动、饮食安全等环节提供全面的安全保障服务，让家长及时了解孩子在校的位置及表现，打造安全的学习环境。

（5）医疗领域。

5G 通过赋能现有智慧医疗服务体系，可提高远程医疗、应急救护等服务能力和管理效率，并催生 5G+远程超声检查、重症监护等新型应用场景。

5G+超高清远程会诊、远程影像诊断、移动医护等应用：在现有的智慧医疗服务体系基础上，叠加 5G 网络能力，可极大地提高远程会诊、医学影像、电子病历等数据传输速率和服务保障能力。在抗击新冠肺炎疫情期间，解放军总医院联合相关单位快速搭建 5G 远程医疗系统，提供远程超高清视频多学科会诊、远程阅片、床旁远程会诊、远程查房等应用，支援湖北新冠肺炎危重症患者救治，有效地缓解了抗疫一线医疗资源紧缺问题。

5G+应急救护等应用：在急救人员、救护车、应急指挥中心、医院之间快速构建 5G 应急救援网络，在救护车接到患者的第一时间，将病患体征数据、病情图像、急症病情记录等以毫秒级速度无损地实时传输到医院，帮助院内医生确诊并提前制定抢救方案，实现患者"上车即入院"的愿景。

5G+远程手术、重症监护等治疗类应用：由于其容错率极低，并涉及医疗质量、患者安全、社会伦理等复杂问题，其技术应用的安全性、可靠性需进一步研究和验证，预计短期内难以在医疗领域实际应用。

（6）文旅领域。

5G 在文旅领域的创新应用将助力文化和旅游行业步入数字化转型的快车道。5G 智慧文旅应用场景主要包括景区管理、游客服务、文博展览、线上演播等。5G 智慧景区可实现景区实时监控、安防巡检和应急救援，同时可提供 VR 直播观景、沉浸式导览及 AI 智慧游记等创新体验，大幅提高景区管理和服务水平，解决景区同质化发展等痛点问题；5G 智慧文博可支持文物全息展示、5G+VR 文物修复、沉浸式教学等应用，赋能文物数字化发展，深刻阐释文物的多元价值，推动人才团队建设；5G 云演播融合 4K/8K、VR/AR 等技术，可实现传统曲目线上线下高清直播，支持多屏多角度沉浸式观赏体验，5G 云演播打破了传统艺术演艺方式，让传统演艺产业焕发了新生。

（7）智慧城市领域。

5G 助力智慧城市在安防、巡检、救援等方面提高管理与服务水平。在城市安防监控方面，结合大数据及人工智能技术，5G+超高清视频监控可实现对人脸、行为、特殊物品、车等精确识别，形成对潜在危险的预判能力和紧急事件的快速响应能力；在城市安全巡检方面，5G 结合无人机、无人车、机器人等安防巡检终端，可实现城市立体化智能巡检，提高城市日常巡查的效率；在城市应急救援方面，利用 5G 通信保障车与卫星回传技术可实现救援区域海陆空一体化的 5G 网络覆盖；5G+VR/AR 可协助中台应急调度指挥人员直观、及时地了解现场情况，更快速、科学地制定应急救援方案，提高应急救援效率。目前，公共安全和社区治安成为城市治理的热点领域，以远程巡检应用为代表的环境监测也将成为城市发展的关注重点。未来，城市全域感知和精细管理成为必然发展趋势，仍需长期探索。

（8）信息消费领域。

5G 在给垂直行业带来变革与创新的同时，也孕育新兴信息产品和服务，改变人们的生活方式。在 5G+云游戏方面，5G 可实现将云端服务器上渲染压缩后的视频和音频传送至用户终端，解决了云端算力下发与本地计算力不足的问题，解除了游戏优质内容对终端硬件的束缚和依赖，对于消费端成本控制和产业链降本增效起到了积极的推动作用。在 5G+4K/8K VR 直播方面，5G 技术可解决网线组网烦琐、传统无线网络带宽不足、专线开通成本高等问题，可满足大型活动现场海量终端的连接需求，并带给观众超高清、沉浸式的视听体验；5G+多视角视频可实现同时向用户推送多个独立的视角画面，用户可自行选择视角观看，带来更自由的观看体验。在智慧商业综合体领域，5G+AI 智慧导航、5G+AR 数字景观、5G+VR 电竞娱乐空间、5G+VR/AR 全景直播、5G+VR/AR 导购及互动营销等应用已开始在商圈及购物中心落地，并逐步规模化推广。未来，随着 5G 网络的全面覆盖以及网络相关能力的提升，5G+沉浸式云 XR、5G+数字孪生等应用场景也将实现，让购物消费更具活力。

（9）金融领域。

金融科技相关机构正积极推进 5G 在金融领域的应用探索，应用场景呈多样化。银行业是 5G 在金融领域落地应用的先行军，5G 可为银行提供整体改造。在前台方面，综合运用 5G 及多种新技术，可实现智慧网点建设、机器人全程服务客户、远程业务办理等；在中后台方面，通过 5G 可实现"万物互联"，从而为数据分析和决策提供辅助。除了银行业，证券、保险和其他金融领域也在积极推动"5G+"发展，5G 开创的远程服务等新交互方式为客户带来全方位数字化体验，线上即可完成证券开户核审、保险查勘定损和理赔，使金融服务不断走向便捷化、多元化，带动了金融行业的创新变革。

5.1.3　云计算技术

自 2006 年 Google 公司首次明确提出云计算概念、Amazon 公司第一次将计算资源作为一种服务对外售卖，从而开启云计算时代以来，云计算技术和相关产业迅速发展，新兴云计算企业如雨后春笋般不断涌现，云计算商业模式得到市场的普遍认可。经过十多年的发展，云计算的概念逐渐深入人心，企业信息系统上云成为普遍趋势，云计算的发展为"数字产业化、产业数字化"发展奠定了基础。

1. 云计算的产生

云计算是在计算模式的逐步发展、自然演进的过程中顺理成章产生的。计算模式是指利用计算机完成任务的方式，或计算资源的使用模式。从早期的计算机应用到如今的云计算，在计算技术的发展历史中，计算模式主要经历了集中式计算模式、个人桌面计算模式、分布式计算模式和按需取用云计算模式四种模式的演变。

（1）集中式计算模式。

世界上第一台电子计算机 ENIAC 诞生于 1946 年 2 月 14 日，由美国宾夕法尼亚大学研究建造，开启了人类使用计算机的时代。早期的计算机由于体积庞大、造价高昂、操作复杂，通常只有为数不多的机构才有财力购置数量有限的计算机，且都是单独放在特别的房间里，由专业人员进行操作和维护。

为了节约成本，充分利用每台计算机的计算资源，当时的计算机系统以一台主机为核心，连接多台用户终端。在主机操作系统的管理协调下，各个终端共享主机的硬件资源，包括 CPU、内/外存储器、输入/输出设备等。终端设备通常只有基本的输入/输出设备（显示器和键盘），所使用的操作系统是典型的分时操作系统，即一台计算主机采用时间片轮转的方式同时为几个、几十个甚至几百个用户终端提供计算资源服务。

这种计算模式具有系统价格昂贵、维护复杂、扩展不易、主机负担过重等明显缺点，但这主要是由当时的科学技术水平和工艺水平较低造成的，其计算资源集中、可同时服务多个终端用户的特点在目前的超级计算机上仍然可以加以应用，以实现优质资源的使用效益最大化。

（2）个人桌面计算模式。

1981 年 08 月 12 日，国际商用机器公司（IBM）推出了型号为 IBM5150 的新款计算机，"个人计算机"这个新生市场从此诞生。个人计算机的出现推动了娱乐消费类民用电子市场的繁荣和发展，间接地促进了计算机技术的发展和生产工艺的更新换代。

个人计算机已经具备甚至超越了过去大型计算机的能力，而价格却非常便宜，因此，计算模式发展为个人桌面计算模式，或称单机计算模式。其典型特点是计算资源分散，满足个人基础计算需求，配置灵活，维护简单。

（3）分布式计算模式。

1968 年，美国国防部高级研究计划局组建了第一个计算机网络，名为 ARPAnet（Advanced Research Projects Agency Network），又称阿帕网。到 20 世纪 90 年代，局域网技术发展成熟，计算机用户通过网络进行信息交互、资源共享变得非常便利，分布式计算也成为可能。这时，个人桌面计算模式开始慢慢向分布式计算模式转移。

分布式计算模式通常采用 C/S（Client/Server）方式工作，其中服务器负责协调工作，将应用程序需要完成的任务分派到各个客户端，并将客户端的计算结果进行汇总整理。在这种方式下，成千上万的个人计算机联合起来可以完成以往使用超级计算机才能完成的计算工作。这种计算模式有非常巨大的潜力，可以解决需要大量计算的科学难题，如模拟核爆炸、模拟大气运动进行天气预报、分析外太空信号、寻找隐蔽黑洞、寻找超大质数等。分布式计算模式推广困难，只能在志同道合的组织或团体中进行，普通计算机用户对其并不感兴趣。

（4）按需取用云计算模式。

2006 年 3 月，Amazon 公司推出弹性计算云（Elastic Compute Cloud；EC2）服务。2006

年 8 月 9 日，Google 公司首席执行官埃里克·施密特（Eric Schmidt）在搜索引擎大会（SES San Jose 2006）上首次提出云计算（Cloud Computing）的概念，这两个事件标志着云时代正式到来。

云计算模式就是云计算服务提供商将自己庞大的计算资源和存储资源进行虚拟池化，在集群技术、并行计算、分布式计算等技术保障下，通过高速网络，为用户提供按需取用的虚拟计算资源和（或）虚拟存储资源服务。

从计算机用户的角度来说，分布式协作是由多个用户合作来完成某项工作的，云计算不需要用户参与，而是交给网络另一端的服务器来完成的，用户只是享用云端资源。显然，从这个角度来看，按需取用云计算模式将计算资源作为一种服务提供给用户，更受普通计算机用户的欢迎，更容易推广。

2．云计算的概念

现在有许多定义尝试着从学术、架构师、工程师、开发人员、管理人员和消费者等角度来定义什么是云。

云安全联盟（Cloud Security Alliance，CSA）认为"云计算是一种新的运作模式和一组用于管理计算资源共享池的技术"，"是一种颠覆性的技术，它可以增强协作，提高敏捷性、可扩展性及可用性，还可以通过优化资源分配、提高计算效率来降低成本"。

美国国家标准与技术研究院（NIST）给出的云计算定义更具有总结性：云计算是一种模型，它可以实现随时随地便捷地、随需应变地从可配置计算资源共享池中获取所需的资源（如网络、服务器、存储、应用和服务），资源能够快速供应并释放，使管理资源的工作量和与服务提供商的交互减小到最低限度。该云模型由五个基本特征、三个服务模型和四个部署模型组成。

3．云计算的模型

在 NIST 提出的标准中，有关云计算的概念、模型等已被普遍接受，具有较高的参考价值。在 NIST 的定义模型中，云计算有五个基本特征、三个服务模型、四个部署模型，如图 5.1 所示。

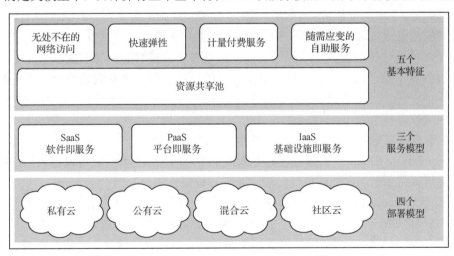

图 5.1　NIST 定义的云计算模型

（1）五个基本特征。

随需应变的自助服务（On-Demand Self-Service）：消费者可以单方面地按需自动获取计算能力，如服务器时间和网络存储，从而免去与每个服务提供者进行交互的过程。

无处不在的网络访问（Broad Network Access）：用户可以通过不同客户端（如移动电话、

笔记本电脑或 PDA 掌上电脑等），随时随地通过网络获取云计算资源。

资源共享池（Resource Pooling）：服务提供者将计算资源汇集到资源池中，通过多租户模式共享给多个消费者，根据消费者的需求对不同物理资源和虚拟资源进行动态分配或重分配。资源的所在地具有保密性，消费者通常不知道资源的确切位置，也无法控制资源的分配，但是可以指定较精确的概要位置（如国家、省或数据中心等）。资源类型包括存储、处理、内存、带宽和虚拟机等。

快速弹性（Rapid Elasticity）：一种对资源快速和弹性提供与对资源快速和弹性释放的能力。对消费者来说，可取用的功能是应有尽有的，并且可以在任何时间进行任意数量的购买。

计量付费服务（Measured Service）：云系统利用一种计量功能（通常是通过付费使用的业务模式）来自动调控和优化资源利用，根据不同服务类型按照合适的度量指标进行计量（如存储、处理、带宽和活跃用户账户），监控、控制和报告资源使用情况，提高服务提供者和服务消费者的透明度。

（2）三个服务模型。

云计算提供三个服务模型。

基础设施即服务（Infrastructure as a Service，IaaS）：消费者租用处理器、存储、网络和其他计算资源，能够在上面部署和运行任意软件，包括操作系统和应用程序。消费者不管理或控制底层的云计算基础设施，但可以控制操作系统、存储、部署的应用，选择网络构件（如主机防火墙）。

平台即服务（Platform as a Service，PaaS）：消费者将自己创建或获取的应用程序，利用资源提供者指定的编程语言和工具部署到云的基础设施上。消费者不直接管理或控制包括网络、服务器、运行系统、存储甚至单个应用的功能在内的底层云基础设施，但可以控制部署的应用程序，配置应用的托管环境。

软件即服务（Software as a Service，SaaS）：该模式的云服务是在云基础设施上运行的、由提供者提供的应用程序。这些应用程序可以被不同客户端设备，通过像 Web 浏览器（如基于 Web 的电子邮件）这样的瘦客户端界面访问。消费者不直接管理或控制底层云基础设施，包括网络、服务器、操作系统、存储甚至单个应用的功能，但配置有限的特定于用户的应用程序除外。

（3）四个部署模型。

云计算有四个部署模型，即私有云、社区云、公有云和混合云。

私有云（Private Cloud）：云基础设施专为一个单一的组织运作。它可以由该组织或某个第三方管理并可以位于组织内部或外部，如企业云、校园云等。

社区云（Community Cloud）：云基础设施由若干个组织共享，支持某个特定的有共同关注点的社区。它可以由该组织或某个第三方管理并可以位于组织内部或外部。

公有云（Public Cloud）：云计算服务提供商提供云基础设施服务给一般公众或行业团体，如阿里云等。

混合云（Hybrid Cloud）：云基础设施由两个或多个云（私有、社区或公共）组成，以独立实体存在，但是通过标准的或专有的技术绑定在一起，这些技术促进了数据和应用的可移植性（如云间的负载平衡）。混合云通常用于描述非云化数据中心与云服务提供商的互联。

4. 云计算的应用场景

云计算在各行各业都有其用武之地，下面简要列举几个比较典型的应用场景。

（1）云数据中心。

云数据中心（CDC）是在原有数据中心的基础上，加入更多云的基因，如系统虚拟化技术、自动化管理技术和智慧的能源监控技术等。通过 CDC 的云平台，用户能够使用虚拟机和存储等资源。同时，CDC 可通过引入新的云技术来提供许多新的具有一定附加值的服务，如 PaaS 等。中国联通、中国移动、中国电信等纷纷在各地建立云数据中心并对外提供本地云服务，就是此类典型应用。

（2）云存储系统。

云存储系统可以解决本地存储在管理上的缺失，提供数据安全性和本地存储负担，它通过整合网络中多种存储设备来对外提供云存储服务，并能管理数据的存储、备份、复制和存档。云存储系统非常适合那些需要管理和存储海量数据的企业。

（3）虚拟桌面云。

虚拟桌面云可以解决传统桌面系统高成本的问题，其利用现在成熟的桌面虚拟化技术，更加稳定和灵活，而且系统管理员可以统一管理用户在服务器端的桌面环境，该技术比较适合那些需要使用大量桌面系统的企业。

（4）开发测试云。

开发测试云可以解决开发测试过程中的棘手问题，其通过友好的 Web 界面，可以预约、部署、管理和回收整个开发测试的环境，通过预先配置好（包括操作系统、中间件和开发测试软件）的虚拟镜像来快速构建一个个异构的开发测试环境，通过快速备份/恢复等虚拟化技术来重现问题，并利用云的强大计算能力来对应用进行压力测试。开发测试云比较适合那些需要开发和测试多种应用的组织和企业。当前流行的云容器服务为云应用开发测试用户提供了更便捷、更灵活、更高效的服务。

（5）高性能计算。

HPC 云能够为用户提供可以完全定制的高性能计算环境，用户可以根据自己的需求来改变计算环境的操作系统、软件版本和节点规模，从而避免与其他用户发生冲突，并可以成为网格计算的支撑平台，以提高计算的灵活性和便捷性。HPC 云特别适合需要使用高性能计算，但缺乏巨资投入的普通企业和学校。

（6）云杀毒。

云杀毒技术可以在云中安装附带庞大病毒特征库的杀毒软件，当发现有嫌疑的数据时，杀毒软件可以将有嫌疑的数据上传至云中，并通过云中庞大的特征库和强大的处理能力来分析该数据是否含有病毒，这非常适合那些需要使用杀毒软件来捍卫其计算机安全的用户。

（7）云办公、云会议等。

2019 年开始的新冠肺炎疫情，让人们熟悉了"云办公""云会议"等场景，也让人们更加熟悉和了解了云计算技术。此外，"云课堂""云旅游""云展览""云演出"等云端应用越来越普及，云计算已经进入人们的日常生活中，"云"上工作、"云"上生活成为人们重要的生产、生活方式。

5.1.4 大数据技术

1. 什么是大数据

大数据（Big Data）从字面上理解，是指体量庞大的数据集。关于大数据的定义当前已出现多个说法，但没有形成统一定论。

维基百科将大数据定义为规模庞大、结构复杂、难以通过现有商业工具和技术在可容忍的时间内获取、管理和处理的数据集。

麦肯锡全球研究所给出的定义是：一种规模大到在获取、存储、管理、分析方面大大超出传统数据库软件工具能力范围的数据集合，具有海量的数据规模、快速的数据流转、多样的数据类型和价值密度低四大特征。

研究机构 Gartner 给出的定义是：大数据是需要新处理模式才能具有更强的决策力、洞察发现力和流程优化能力的海量、高增长率和多样化的信息资产。

SAS 软件研究所给出的定义是：大数据描述了非常大量的数据，包括结构化和非结构化数据。但重要的不是数据量，而是如何组织处理数据，大数据可以被分析，有助于人们做出更好的决策和商业战略规划。

NIST 认为，大数据由具有规模巨大、种类繁多、增长速度快和变化多样化，且需要一个可扩展体系结构来有效存储、处理和分析的广泛的数据集组成。

随着云计算时代的到来，为大数据处理提供了可能；而随着人工智能、物联网等技术的发展，越来越多的大数据在产生并应用。这些都在促进大数据技术的应用和发展，也为改变科学技术、社会发展、人们的日常生活带来可能。

2. 大数据的特征

人们普遍认为，大数据具备数量（Volume）、种类（Variety）、速度（Velocity）和价值（Value）四大（4V）特征，即数据体量巨大、数据类型多且结构复杂、新数据创建和增长速度快、数据价值巨大但密度低。

（1）数据体量巨大。

大数据的数据体量远不止成千上万行，而是动辄几十亿行、数百万列。数据集合的规模不断扩大，已经从 GB 级增加到 TB 级再到 PB 级，甚至不可避免地开始以 EB 和 ZB 来计。

（2）数据类型多且结构复杂。

传统 IT 产业产生和处理的数据类型较为单一，大部分是结构化数据。随着传感器、智能设备、社交媒体、物联网、移动计算等新的数据媒介不断涌现，产生的数据类型越来越复杂、多样。

（3）新数据创建和增长速度快。

大数据的产生、处理和分折的速度快，大数据的快速产生和处理能力与传统的数据处理技术表现出本质上的区别。

（4）数据价值巨大但密度低。

大数据由于体量不断增大，单位数据的价值密度在下降，而数据的整体价值却在提高。这一价值体现在统计特征、事件检测、关联和假设检验等方面。以监控视频为例，在海量的监控视频中，有用的数据可能仅仅只有数秒，但是却非常重要。现在许多专家已经将大数据等同于黄金和石油，这表示大数据当中蕴含无限的商业价值。

在此基础上，还有一些学者在大数据的"4V"特征基础上增加了其他特性，也就是所谓的"5V"特征，将真实性（Veracity）加了进来，它表示数据的准确性和可信赖度，即数据的质量。

3. 大数据的结构类型

大数据的结构有多种，包括结构化的数据和非结构化的文本文件、财务数据、多媒体文件和基因定位图数据。按照数据的结构模式来划分，可将数据划分为结构化数据、半结构化数据、准结构化数据和非结构化数据。在未来大数据的发展中，80%～90%的新增数据都将是非结构化的。

（1）结构化数据。

结构化数据是指具有较强的结构模式，可以使用关系型数据库表示和存储的数据。结构化数据包括预定义的数据类型、数据格式和数据结构，通常表现为一组二维形式的数据集。

（2）半结构化数据。

半结构化数据是一种弱化的结构化数据形式，它并不符合关系型数据模型的要求，但仍然有明确的数据大纲，包括相关的标记，用来分割实体以及实体的属性。这类数据的结构特征相对容易获取和发现，如有模式定义的和自描述的可扩展标记语言（XML）数据文件。

（3）准结构化数据。

这类文本数据带有不规则的数据格式，但是可以通过工具规则化，如可能包含不一致的数据值和格式的网页点击流数据。

（4）非结构化数据。

非结构化数据没有固定的结构，如文本文件、PDF 文件、图像和视频。

4. 大数据的应用

大数据已经在各行各业中应用，下面列举几个典型应用场景。

（1）电商大数据为精准营销法宝。

电商是最早利用大数据进行精准营销的行业，除了精准营销，电商还可以依据客户消费习惯提前为客户备货，并利用便利店作为货物中转点，在客户下单 15 分钟内将货物送上门，提升客户体验感。菜鸟网络宣称的 24 小时完成在中国境内的送货，以及京东宣传的未来京东将在 15 分钟完成送货上门等都是基于客户消费习惯的大数据分析和预测。

电商可以利用其交易数据和现金流数据，为其生态圈内的商户提供基于现金流的小额贷款，电商也可以将该数据提供给银行，与银行合作为中小企业提供信贷支持。由于电商的数据较为集中，数据量足够大，数据种类较多，因此，未来电商数据的应用将会有更多的想象空间，包括预测流行趋势、消费趋势、地域消费特点、客户消费习惯、各种消费行为的相关度、消费热点、影响消费的重要因素等。

（2）医疗大数据使看病更高效。

医疗行业是让大数据分析发挥重要作用的传统行业之一。医疗行业拥有大量的病例、病理报告、治愈方案、药物报告等。如果这些数据可以被整理和应用，则会极大地帮助医生和病人。

我们面对数目及种类众多的病菌、病毒，以及肿瘤细胞，其都处于不断进化的过程中。在发现疾病时，疾病的确诊和治疗方案的确定是最困难的。在未来，借助于大数据平台我们可以收集不同的病例和治疗方案，以及病人的基本特征，来建立针对疾病特点的数据库。如果未来基因技术发展成熟，则可以根据病人的基因序列特点进行分类，建立医疗行业的病人分类数据库。在医生对病人进行诊疗时，可以参考病人的疾病特征、化验报告和检测报告，参考疾病数据库来快速确诊。在制定治疗方案时，医生可以依据病人的基因特点，调取相似基因、年龄、人种、身体情况的有效治疗方案，制定适合病人的治疗方案，使病人及时得到治疗。同时这些数据也有利于医药行业开发出更有效的药物和医疗器械。

（3）农牧大数据促进量化生产。

大数据在农业中的应用主要是指依据未来商业需求的预测来进行农牧产品生产，降低菜贱伤农的概率。大数据的分析将会更精确地预测未来的天气情况，帮助农牧民做好自然灾害的预防工作。大数据可帮助农民依据消费者的消费习惯来决定增加哪些农作物的种植，减少哪些农作物的种植，提高单位种植面积的农作物产值，同时有助于快速销售农产品，实现资金回流。牧民可以通过大数据分析来安排放牧范围，有效利用牧场。渔民可以利用大数据安排休渔期、定位捕鱼范围等。

合理种植农作物和养殖家畜十分重要。过去出现的猪肉过剩、卷心菜过剩、香蕉过剩的原因就是农牧业没有规划好。借助大数据提供的消费趋势报告和消费习惯报告，政府相关部门将为农牧业生产提供合理引导，建议相关人员依据需求进行生产，避免产能过剩，造成不必要的资源和社会财富浪费。农业关乎到国计民生，科学的规划将有助于社会整体效率的提高。大数据技术可以帮助政府相关部门实现农业的精细化管理，实现科学决策。在数据驱动下，结合无人机技术，农民可以采集农作物生长信息、病虫害信息。

（4）交通大数据使出行畅通。

交通作为人类行为的重要组成和重要条件之一，对于大数据的需求也是最急迫的。近年来，我国的智能交通已实现快速发展，许多技术手段都达到国际领先水平。但是，问题和困境也非常突出，从各个城市的发展状况来看，智能交通的潜在价值还没有得到有效挖掘：对交通信息的感知和收集有限，对存在于各个管理系统中的海量数据无法共享运用、有效分析，对交通态势的研判预测乏力，对公众的交通信息服务很难满足需求。这虽然有各地在建设理念、投入上的差异，但是整体上智能交通的现状是效率不高，智能化程度不够，使得很多先进技术设备发挥不了应有的作用，也造成大量资金浪费。这其中很重要的问题是小数据时代带来的硬伤：从模拟时代带来的管理思想和技术设备只能进行一定范围的分析，而管理系统的那些关系型数据库只能刻板地分析特定的关系，对于海量数据尤其是半结构、非结构数据无能为力。

目前，交通大数据应用主要在两个方面，一方面可以利用大数据来了解车辆通行密度，合理进行道路规划，包括单行线路规划；另一方面可以利用大数据来实现即时信号灯调度，提高已有线路的运行能力。科学地安排信号灯是一个复杂的系统工程，只有利用大数据计算平台才能计算出一个较为合理的方案，科学的交通调度将会提高30%左右已有道路的通行能力。机场的航班起降依靠大数据可提高航班的管理效率，航空公司利用大数据可以提高上座率，降低运行成本。铁路部门利用大数据可以有效安排客运和货运列车，提高效率、降低成本。

（5）教育大数据助力因材施教。

随着技术的发展，信息技术已在教育领域有越来越广泛的应用。考试、课堂、师生互动、校园设备使用、家校关系……只要技术能达到的地方，各个环节都被数据包裹。

在课堂上，数据不仅可以帮助教师改善教育教学，在重大教育决策制定和教育改革方面，大数据更有用武之地。大数据还可以帮助家长和教师找出孩子的学习差距和有效的学习方法。例如，美国的麦格劳·希尔教育出版集团就开发出了一种预测评估工具，帮助学生评估他们已有的知识与达标的差距，进而指出学生有待提高的地方。评估工具可以让教师跟踪学生学习情况，从而找到学生的学习特点和方法。有些学生适合按部就班地学习，有些学生则适合图式信息和整合信息的非线性学习。这些都可以通过大数据搜集和分析很快识别出来，从而为教师改善教学提供坚实的依据。

在国内尤其是北京、上海、广东等城市，大数据在教育领域已有非常多的应用，像慕课、在线课程、翻转课堂等，其中就应用了大量的大数据工具。

毫无疑问，在不远的将来，无论是针对教育管理部门，还是校长、教师，以及学生和家长，都可以得到针对不同应用的个性化分析报告。通过大数据分析来优化教育机制，可以做出更科学的决策，这将带来潜在的教育革命。不久的将来，个性化学习终端将会更多地融入学习资源云平台，根据学生的兴趣、爱好和特长，向其推送相关领域的前沿技术、资讯、资源乃至有关未来职业发展方向的信息等，并贯穿其学习的全过程。

5.1.5　物联网技术

1. 什么是物联网

物联网（Internet of Things，IoT）指的是将无处（Ubiquitous）不在的末端设备（Devices）和设施（Facilities），包括具备"内在智能"的传感器，移动终端，工业系统，数控系统，家庭智能设施，视频监控系统等和外在"使能的"（Enabled），如贴上 RFID 的各种资产（Assets）、携带无线终端的个人与车辆等"智能化物件或动物"或"智能尘埃"（Mote），通过各种无线或有线的长距离或短距离通信网络实现互联互通（M2M）、应用大集成（Grand Integration），以及基于云计算的 SaaS 营运等模式，在内联网（Intranet）、外联网（Extranet）、互联网（Internet）等环境下，采用适当的信息安全保障机制，提供安全可控乃至个性化的实时在线监测、定位追溯、报警联动、调度指挥、预案管理、远程控制、安全防范、远程维保、在线升级、统计报表、决策支持、领导桌面（集中展示的 Cockpit Dashboard）等管理和服务功能，实现对"万物"的"高效、节能、安全、环保"的"管、控、营"一体化。

物联网的概念是在 1999 年提出的，它的定义很简单：把所有物品通过射频识别等信息传感设备与互联网连接起来，实现智能化识别和管理。也就是说，物联网是指将各类传感器和现有的互联网相互衔接的一个新技术。2005 年，国际电信联盟（ITU）发布的《ITU 互联网报告 2005 物联网》中指出，无所不在的物联网通信时代即将来临，世界上的所有物体从轮胎到牙刷、从房屋到纸巾，都可以通过互联网进行交换。射频识别技术（RFID）、传感器技术、纳米技术、智能嵌入技术将得到更加广泛的应用。

自 2009 年 8 月温家宝总理提出"感知中国"以来，物联网被正式列为国家新兴战略性产业之一，写入"政府工作报告"，物联网在中国受到全社会极大关注。

把网络技术运用于万物组成的物联网，如把感应器嵌入装备到油网、电网、路网、水网、建筑、大坝等物体中，然后将物联网与互联网进行整合，实现人类社会与物理系统的整合。超级计算机群对"整合网"的人员、机器设备、基础设施实施实时管理控制，以精细动态的方式管理生产生活，提高资源利用率和生产力水平，改善人与自然关系。

2. 物联网关键技术

简单来说，物联网是实现物与物、人与物之间的信息传递与控制的，在物联网应用中有以下关键技术。

（1）传感器技术。

传感器技术也是计算机应用中常用的关键技术。绝大部分计算机处理的都是数字信号。自从有计算机以来，就需要传感器把模拟信号转换成数字信号，这样计算机才能处理。

（2）RFID 标签。

射频识别技术（Radio Frequency Identification，RFID）本身也是一种传感器技术，是集无线射频技术和嵌入式技术于一体的综合技术，RFID 在自动识别、物品物流管理中有广阔的应用前景。

（3）嵌入式系统技术。

嵌入式系统技术是集计算机软硬件技术、传感器技术、集成电路技术、电子应用技术于一体的复杂技术。经过几十年的演变，以嵌入式系统为特征的智能终端产品随处可见，小到人们身边的手机、电视机，大到航天航空的卫星系统。嵌入式系统正在改变着人们的生活，推动着工业生产以及国防工业的发展。如果把物联网用人体做一个简单比喻，则传感器相当于人的眼睛、鼻子、皮肤等感官，网络就是神经系统，用来传递信息，嵌入式系统则是人的大脑，在接收到信息后要进行分类处理。

（4）智能技术。

智能技术是为了有效地达到某种预期的目的，利用知识所采用的各种方法和手段。通过在物体中植入智能系统，可以使物体具备一定的人工智能特性，能够主动或被动地实现与用户的沟通，智能技术是物联网的关键技术之一。

（5）纳米技术。

纳米技术是研究结构尺寸为 0.1～100nm 的材料的性质和应用的技术，主要包括纳米体系物理学、纳米化学、纳米材料学、纳米生物学、纳米电子学、纳米加工学、纳米力学。纳米材料的制备和研究是整个纳米科技的基础，其中，纳米物理学和纳米化学是纳米技术的理论基础，而纳米电子学是纳米技术最重要的内容。使用传感器技术能探测到物体的物理状态。物体中的嵌入式智能能够通过在网络边界转移信息处理能力来增强网络的威力。纳米技术的出现意味着物联网中体积越来越小的物体能够进行交互和连接。电子技术的发展趋势要求器件和系统更小、更快、更冷。更小是指响应速度要快，更冷是指单个器件的功耗要小，但是更小并非没有限度。纳米技术是建设者的最后疆界，它的影响将是巨大的。纳米电子学包括基于量子效应的纳米电子器件、纳米结构的光/电性质、纳米电子材料的表征，以及原子操纵和原子组装等。

3. 物联网应用场景

物联网用途广泛，遍及智慧交通、环境保护、智慧农业、政府工作、公共安全、智能家居、智能安防、工业监测、环境监测、老人护理、水系监测、食品溯源、智慧物流、敌情侦查和情报搜集等领域，下面简要介绍几个常见的应用领域。

（1）智能家居。

智能家居通过物联网技术将家中的各种设备（如音视频设备、照明系统、窗帘控制、空调控制、安防系统、数字影院系统、影音服务器、影柜系统、网络家电等）连接到一起，提供家电控制、照明控制、远程控制、防盗报警、环境监测、暖通控制、红外转发及可编程定时控制等功能和手段，并提供多种场景选择，可以通过 App 在千里之外随心调控设备。

智能家居行业发展主要分为单品连接、物物联动和平台集成三个阶段。其发展方向是首先连接智能家居单品，随后走向不同单品之间的联动，最后向智能家居系统平台发展，进行统一运营。当前，各智能家居类企业正处在从单品向物物联动的过渡阶段。

单品连接：这个阶段是将各个产品通过传输网络，如 Wi-Fi、蓝牙、ZigBee 等进行连接，对每个单品单独控制。

物物联动：目前，各智能家居企业将自家的所有产品进行联网、系统集成，使得各产品间能联动控制，但不同企业的单品还不能联动。

平台集成：这是智能家居发展的最终阶段，根据统一标准，使各企业单品能相互兼容，目前还没有发展到这个阶段。

（2）智慧交通。

交通被认为是物联网所有应用场景中非常有前景的应用之一。城市建设交通先行，交通是城市经济发展的动脉，智慧交通是智慧城市建设的重要组成部分。智慧交通利用先进的信息技术、数据传输技术以及计算机处理技术等，通过集成到交通运输管理体系中，使人、车和路能够紧密地配合，改善交通运输环境、保障交通安全以及提高资源利用率。在行业内应用较多的前五大场景包括智能公交车、共享单车、汽车联网、智慧停车以及智能红绿灯。

（3）智能安防。

安防是物联网的一大应用市场，因为安全永远都是人们的基本需求。传统安防对人员的依赖性比较大，非常耗费人力，而智能安防能够通过设备实现智能判断。

目前，智能安防最核心的部分在于智能安防系统，该系统对拍摄的图像进行传输与存储，并对其进行分析与处理。一个完整的智能安防系统主要包括门禁、报警和监控三大部分，在智能安防行业中主要以视频监控为主。

由于采集的数据量足够大，且时延较低，因此，目前城市中大部分的视频监控采用的都是有线的连接方式，而对于偏远地区以及移动性的物体监控则采用的都是 4G 等无线技术。

门禁系统：主要以感应卡式的指纹、虹膜以及面部识别等为主，具有安全、便捷和高效的特点，能联动视频抓拍、远程开门、手机位置探测及轨迹分析等。

监控系统：主要以视频为主，分为警用和民用市场。通过视频实时监控，使用摄像头进行抓拍记录，将视频和图片进行数据存储和分析，实时监测以确保安全。

报警系统：主要通过报警主机进行报警，同时，部分研发厂商会将语音模块以及网络控制模块置于报警主机中，以缩短报警反映时间。

（4）智慧农业。

智慧农业指的是利用物联网、人工智能、大数据等现代信息技术与农业进行深度融合，实现农业生产全过程的信息感知、精准管理和智能控制的一种全新的农业生产方式，可实现农业可视化诊断、远程控制以及灾害预警等功能。

农业分为农业种植和家畜养殖两个方面。在农业种植方面，农业种植分为设施种植（如塑料大棚）和大田种植，主要包括播种、施肥、灌溉、除草以及病虫害防治五个部分，用传感器、摄像头和卫星等收集数据，实现数字化和智能机械化发展。当前，数字化的实现多以数据平台服务来呈现，而智能机械化以农机自动驾驶为代表。在家畜养殖方面，主要是将新技术、新理念应用在生产中，包括饲养、繁殖以及疾病防疫等，并且应用类型较少，因此，用"精细化养殖"定义整体畜牧养殖环节。

（5）智慧物流。

智慧物流是新技术应用于物流行业的统称，指的是以物联网、大数据、人工智能等信息技术为支撑，在物流的运输、仓储、包装、装卸、配送等环节实现系统感知、全面分析及处理等功能。智慧物流的实现能大大降低各行业的运输成本，提高运输效率，提升整个物流行业的智能化和自动化水平。物联网应用于物流行业中，主要体现在三方面，即仓储管理、运输监测和智能快递柜。

仓储管理：通常采用基于 LoRa、NB-IoT 等传输网络的物联网仓库管理信息系统，完成收货入库、盘点调拨、拣货出库，以及整个系统的数据查询、备份、统计、报表生产及报表管理等任务。

运输监测：实时监测货物运输中的车辆行驶情况以及货物运输情况，包括货物位置、状态环境，以及车辆的油耗、油量、车速及刹车次数等驾驶行为。

智能快递柜：将云计算和物联网等技术结合，实现快件存取和后台中心数据处理，通过 RFID 或摄像头实时采集、监测货物收发等数据。

5.1.6 移动互联网技术

移动互联网是指移动通信终端与互联网结合为一体，用户使用手机、平板电脑或其他无线终端设备，通过高速移动网络，在移动状态下如在地铁、公交车上等，随时随地访问 Internet 以获取信息，并使用商务、娱乐等各种网络服务。

通过移动互联网，人们可以使用手机、平板电脑等移动终端设备浏览新闻，还可以使用各种移动互联网应用，如在线搜索、在线聊天、移动网游、手机电视、在线阅读、网络社区、收听及下载音乐等。

随着移动互联网的普及，"低头族"不断增多，"移动支付""扫码"成为人们通过移动终端上网行为的常态，深刻影响着人们的生活、工作习惯。

移动互联网是在传统互联网基础上发展起来的，因此，二者具有很多共性，但由于移动通信技术和移动终端发展不同，它又具有许多传统互联网没有的特性。

（1）交互性。

用户可以随身携带和随时使用移动终端，在移动状态下接入和使用移动互联网应用服务。一般来说，人们往往是在上下班途中，在任何一个有网络覆盖的场所接入无线网络，以实现对移动业务的应用。现在，从智能手机到平板电脑，我们随处可见这些移动终端发挥强大功能的例子。当人们需要沟通交流时，可以随时随地通过语音、图文或者视频进行沟通交流，大大提高了用户与移动互联网的交互性。

（2）便携性。

相对于 PC，由于移动终端具有小巧轻便、可随身携带两个特点，用户可以装入随身携带的书包或手袋中，并可以在任意场合接入网络。除了睡眠时间，移动设备一般都以远长于 PC 的使用时间伴随在其主人身边。这个特点决定了使用移动终端设备上网，可以带来 PC 上网无可比拟的优越性，即沟通与资讯的获取远比 PC 设备方便。用户能够随时随地获取与娱乐、生活、商务相关的信息，进行支付、查找周边位置等操作，使得移动应用可以进入人们的日常生活中，满足衣食住行、吃喝玩乐等需求。

（3）隐私性。

移动终端设备用户的隐私性远高于 PC 端用户。由于其具有移动性和便携性的特点，移动互联网的信息保护程度较高。通常不需要考虑通信运营商与设备商在技术上如何实现它，其隐私性决定了移动互联网终端应用的特点，数据共享时既要保障认证客户的有效性，也要保证信息的安全性。这不同于传统互联网公开透明开放的特点。在传统互联网下，PC 端的用户信息是容易被搜集的；而移动互联网用户因为无须共享自己设备上的信息，从而确保了在移动互联网上其信息的隐私性。

（4）定位性。

移动互联网有别于传统互联网的典型应用是位置服务应用。它具有以下几个服务：位置签到、位置分享及基于位置的社交应用；基于位置围栏的用户监控及消息通知服务；生活导航及优惠券集成服务；基于位置的娱乐和电子商务应用；基于位置的用户换机上下文感知及信息服务。

（5）娱乐性。

移动互联网上的丰富应用，如图片分享、视频播放、音乐欣赏、电子邮件等，为用户的工作、生活带来更多便利和乐趣，掌上游戏、社交媒体、移动支付等移动应用成为人们日常频繁使用的应用。

（6）局限性。

移动互联网应用在为用户提供便捷服务的同时，也受到来自网络能力和终端硬件能力的限制。在网络能力方面，受到无线网络传输环境、技术能力等因素的限制；在终端硬件能力方面，受到终端大小、处理能力、电池容量等的限制。移动互联网的各个部分相互联系、相互作用并相互制约，任何部分的滞后都会延缓移动互联网发展的步伐。

（7）身份统一性。

这种身份统一是指移动互联用户自然身份、社会身份、交易身份、支付身份通过移动互联网平台得以统一。信息本来是分散到各处的，互联网逐渐发展、基础平台逐渐完善之后，各处的身份信息将得到统一。例如，在网银里绑定手机号和银行卡，支付时，只要验证了手机号即可直接从银行卡扣钱。

5.1.7　人工智能技术

1. 什么是人工智能

人工智能（Artificial Intelligence，AI）是近年来发展非常迅猛的技术，是研究、开发用于模拟、延伸和扩展人的智能的理论、方法、技术及应用系统的一门新的技术科学。这是一个综合性学科，融合了计算机科学、统计学、脑神经学和社会科学。用通俗的语言来描述，人工智能就是让计算机具有人的智能，从而可以代替人类进行识别、认知、分析和决策等。

人工智能是计算机科学的一个分支，它企图了解智能的实质，并生产出一种新的能以人类智能相似的方式做出反应的智能机器，该领域的研究包括机器人、语言识别、图像识别、自然语言处理和专家系统等。人工智能从诞生以来，理论和技术日益成熟，应用领域也不断扩大，可以设想，未来人工智能带来的科技产品将会是人类智慧的"容器"。人工智能可以对人的意识、思维的过程进行模拟。人工智能不是人的智能，但能像人那样思考。

2. 人工智能的发展历史

（1）人工智能的启蒙时代。

1950 年，被称为"计算机之父"的图灵（见图 5.2）发表了一篇重要论文，名叫《计算机器与智能》。在论文里，他对"用机器模拟人的智慧"这一主题进行了探讨，并预言人类最终将创造出具有人类智慧的机器。巧合的是，同年，被称为"人工智能之父"的明斯基（见图 5.2）建造了世界上第一台神经网络计算机。

图 5.2　"计算机之父"图灵（左）和"人工智能之父"明斯基（右）

一个有趣的实验有效佐证了图灵的预测。这个实验的内容是让一群测试者通过键盘和屏幕跟计算机进行对话（但测试者并不知道对面是否是人），然后让测试者判断幕后对话者是人还是机器。判断这台机器是否具备人工智能的标准：如果测试者不能分辨出这是机器，则这台计算机就通过了测试，可以认为其具备了人工智能。这便是著名的图灵测试。

1956 年，在美国达特茅斯大学举办了一场研讨会，会上明斯基等人热烈地讨论了"用机器模拟人类智能行为"，正式确立了"人工智能"（AI）这一术语，这标志着人工智能学科的诞生。以明斯基为代表的参会科学家随后在麻省理工学院创建了一个人工智能实验室，这是人类历史上第一个聚焦人工智能的实验室。

明斯基在机器人技术的基础上，结合人工智能技术研发了具备模拟人类活动能力的机器人 Robot C，这是最早的智能机器人。同时，他还提出了早期的"虚拟现实"概念，即 Telepresence。Telepresence 是一种允许人体验虚拟真实场景的设备或技术（如游泳、驾驶等），但实际上这个场景并不存在。

图灵测试开启了人们对人工智能的讨论，而直到今天，图灵测试仍然是我们判断一台机器是否具有人工智能的重要方法，而明斯基等科学家则是早期把人工智能推向社会实践的先驱。

（2）人工智能的春天——语音识别。

随着科技的不断发展，人们不再满足于通过键盘、鼠标输入命令，而是试图通过语音更快地对计算机进行操纵，这就引发了语音识别技术的研究热潮。

语音识别技术的研究内容是建立在机器学习基础上的，把语音信号转化为自然语言，从而形成可执行的计算机命令。这种技术本质上就是一种模式识别系统，其最终目标是实现人与机器进行自然语言通信。

标准的语音识别流程如图 5.3 所示。

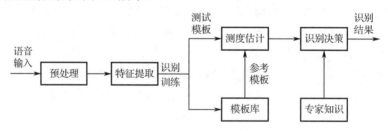

图 5.3　标准的语音识别流程

标准的语音识别流程分为以下四部分。

① 预处理：主要是对音频信号去噪，让信号更加清晰。

② 特征提取：选择与提取音频特征，是识别过程中最为重要的一环。这个过程实质上是信息压缩的过程，目的是剥离干扰因素，提取出最有特色的片段，使后续识别更加简单。

③ 测度估计（模板库）：利用模板库中的信息，结合待识别音频在特征维度上的测度，进行初步匹配，衡量与模板的相似度。

④ 识别决策（专家知识）：根据第③步得到的结果，结合已知的专家知识，对待识别音频进行类别判定，并给出结论的可信度。

世界上最早的语音识别系统，是在 1952 年由 AT&T Bell 实验室开发的 Audry 系统，只能识别 10 个英文数字的发音。到了 20 世纪 60 年代，借助新兴的人工神经网络算法的帮助，语音识别技术在识别率上有了较大突破，出现了能辨别单个词汇的识别系统。

进入 20 世纪 80 年代后，随着隐马尔可夫模型的发展，语音识别的识别率得到了较大提高。1989 年，全球第一个基于隐马尔可夫模型的语音识别系统研制成功，实验表明其识别率比以前的系统有了很大提高，实现了对非特定人、大词汇量、连续语音的识别，具备了商用的基础。

进入 20 世纪 90 年代后，世界 500 强公司如苹果、AT&T、IBM 和 NTT 都开始在语音识别领域进行研究。这项技术开始从科研实验走向商业应用，并涌现出一批以语音识别为核心业务的科创公司，如 Nuance 公司。

电话自动语音服务是其中一个典型应用。在这套系统中，智能语音识别模块把电话机从通话工具变成一个智能服务中心，用户可以使用语音命令进行远程查询，远端数据库再把信息通过电话传递回来，这样，电话的功能就大大增强了。计算机语言输入示意图如图 5.4 所示。

图 5.4　计算机语音输入示意图

随着智能手机的流行，键盘输入已经成为一个障碍，而语音识别正逐步成为信息技术中人机交互的关键技术。这项技术能帮助人们丢掉键盘，通过语音命令进行操作。今天，我们拿出手机，在微信、QQ 等即时通信工具里使用各种语音输入法，直接对着手机说话便可录入文字信息，发送给他人的语音信息也可以转换成文字显示在对端。语音识别技术的飞速发展，已经渗透到人们生活的方方面面，并为人们提供了极大的便利性。

（3）人工智能的爆发——深度学习。

人工智能革命中涌现出来的语音识别技术，受到算法本身的限制，始终无法满足对精确度要求很高的需求。而这一切，在深度学习算法出现后，发生了翻天覆地的改变。

深度学习的前身是神经网络算法。在 2006 年之前，神经网络算法同样受制于所出现的部分关键问题，其识别精确度和性能同样不能满足高性能要求。但在 2006 年，一位科学家解决了困扰算法多年的负向反馈问题，使得算法的运行效率和识别精确度得到了大幅提高。这种提高带来的效果是显著的，使语言识别、计算机视觉、自动驾驶、数据挖掘、机器翻译等领域发生了翻天覆地的变化。深度学习算法示意图如图 5.5 所示。

深度学习自 2006 年产生之后就受到社会各界的关注。谷歌研究院和微软研究院的研究人员在 2011 年将深度学习应用到语音识别上，使识别错误率下降了 20%～30%。2012 年，在图片分类比赛 Image Net 中，使用传统算法的谷歌团队被使用深度学习算法的创新团队击败，深度学习的应用，使得图片识别错误率下降了 14%，这在当时是非常惊人的。同年，谷歌研究院和斯坦福大学联合主导的 Google Brain 项目，利用深度学习技术，在图像和语音识别、互联网海量搜索等领域大获成功。如今，深度学习技术已经在图像、语音、自然语言处理、大数据特征提取、自动驾驶等方面获得广泛应用。

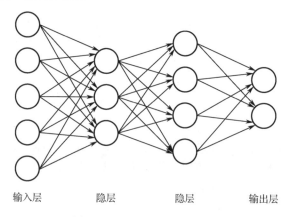

图 5.5　深度学习算法示意图

在深度学习技术出现后，现代人工智能的核心已经演变为

① 以深度学习为核心的算法的演进；

② 计算机处理能力的提高，能高效支撑算法来识别文字、语音和图像等；

③ 互联网技术的发展，将产生的广泛且海量的数据作为深度学习模型的训练数据。

让我们通过两个典型应用来了解深度学习到底有多厉害。

第一个应用是对模糊人脸图像的辨别和处理。2017 年，谷歌大脑的研究者训练了一个深度学习网络，他们让后者根据一些分辨率极低的人脸图像来预测这些面孔真实的样子，如图 5.6 所示。

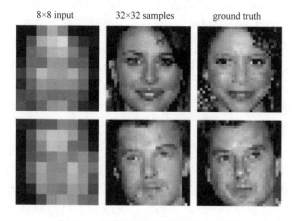

图 5.6　深度学习对模糊人脸的还原

在图 5.6 中，左侧是输入的 8×8 像素的原始影像，右侧是被拍摄的人脸在照片中的样子，中间是计算机猜测的样子。可以看到，虽然并不完美，但计算机猜测的样子已经与原始影像十分接近。谷歌大脑的研究者将这种方法命名为 Pixel Recursive Super Resolution（像素递归超分辨率），用这种方法能显著提高图像的质量。

第二个应用是给图片自动上色，如图 5.7 所示。

图 5.7 中的左图是拍摄于 1937 年的一张矿工的照片，右图是用 Let there be color 对其自动上色后的效果。可以看出，深度学习算法对各个局部特征的颜色分析和判断还是非常贴近实际的。

图 5.7　旧照片自动上色效果

3. 人工智能的常用技术

（1）数字图像处理技术。

数字图像处理技术是指将图像信号转换成二进制的数字信号，并利用计算机对其进行处理的技术。

数字图像处理最早出现于 20 世纪 50 年代，那时人们就开始利用计算机来处理图像信息。在进行图像处理的过程中，图像被分割成像素块，然后用承载处理算法的软件对图像数据进行一系列的运算和操作。常用的图像处理方法有图像增强、复原、编码、压缩，以及模式匹配与分类、聚类等。

数字图像处理技术是利用计算机软硬件，对待处理数字图像进行去噪、修复、加强、区域识别和划分、特征提取及模式识别等处理的一种技术，其中尤以图像模式识别为核心，图像模式识别的典型流程如图 5.8 所示。这类技术的产生和迅速发展，得益于计算机硬件的飞速发展、计算机软件算法的不断进步（特别是深度学习算法的完善），以及在国民经济中各行各业（如农牧业、林业、环境、军事、工业和医学等领域）对图像模式识别需求的快速增长。

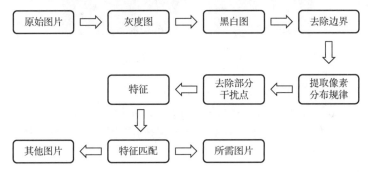

图 5.8　图像模式识别的典型流程

20 世纪 20 年代，人们把数字增强技术应用到了英美两国间远距离电缆里传送的图片质量修复上，取得了一定效果。到了 50 年代，计算机软硬件水平发展到一定高度后，数字图像处理技术才真正引起了社会各界的关注。

1964 年，美国科学家在处理"徘徊者七号"太空船拍摄的月球照片时，采用了如修复、增强等技术，取得了较好的效果，如图 5.9 所示。受此影响，在后续的若干年内，数字图像处理技术不断发展，在研究者的不断努力下，成为了一门新兴的学科。

20 世纪 70 年代，数字图像处理技术进一步发展，其知识框架不断完善，各类算法层出不穷，在社会生产和生活中的应用也进一步扩大。在此期间，类似于 OCR 识别、医学图像分析、卫星遥感图像处理等，已经开始走向成熟。由于生产应用对图像处理的精度和速度提出了更高要求，这就更加促进了数字图像处理技术的发展。

图 5.9　经修正后的月球照片

近年来，随着科学技术的迅速发展，数字图像处理技术已经越来越多地应用到医学、交通、军事等领域。数字图像处理技术已经从学科研究内容，转变为产业中频频使用的常用技术。

以图像模式识别为核心的数字图像处理技术已经进入社会生活的各个方面。如我们随处可见的扫描二维码付款，就是采用基于数字图像处理的条形码识别算法，对用手机摄像头采集到的条形码图像进行处理和识别，如图 5.10 所示。

图 5.10　扫描二维码付款

数字图像处理技术还在物流、生物医药、航空航天、通信、工业设计等领域发挥越来越重要的作用。例如，物流领域中对电话号码的扫描录入，就是基于人工智能的数字图像识别，航空航天领域中的遥感图像处理、工业领域中的 X 光探伤图像处理等都利用了数字图像的模式识别技术。

（2）语音识别技术。

语音识别技术的目的是让机器能听懂人类的语音信号，进而让人类更加准确和方便地对机器下达指令。目前，语音识别技术已经在微信语音转文字、百度地图导航输入、智能家电控制、会议信息速记等领域得到广泛应用。

语音识别系统的实质就是模式识别系统，它包括语音信号预处理、特征提取、通过模板库进行模式匹配等环节，如图 5.11 所示为该系统处理流程。

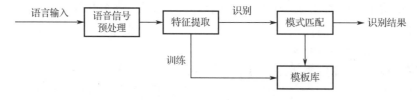

图 5.11　语音识别系统处理流程

待识别的语音通过音频采集设备进入系统，经过预处理（去噪、增强等操作）后，提取信号中比较显著的特征。而在这个流程之前，通过大量的历史数据，已经建立某个类别的语音模板库，在未知语音的特征提取之后，将提取的特征与模板库进行比对，然后根据概率，找出最匹配的语音模板，此时可以认为未知语音与对应模板属于同一类别。

语音识别方法种类比较多，其中，隐马尔可夫模型、动态时间规整技术、矢量量化、深度学习等方法是用得比较多的方法。

隐马尔可夫模型（Hidden Markov Model，HMM）是语音识别中常用的一种算法模型。它成功解决了语音识别系统中识别率不高的问题，主要原因是由于它具有较强的对时间序列结构的建模能力。另外，这个模型还能较好地解决关键词识别问题，其目的是在说话人的连续语音中辨认和确定少量的特定词，而这恰好是语音识别中一个重要的研究方向，对其处理得好坏直接决定语音识别的效果。

动态时间规整技术（Dynamic Time Warping，DTW）出现的目的比较单纯，它是一种衡量两个长度不同的时间序列相似度的方法。其应用比较广泛，主要应用在模板匹配中，如用在孤立词语音识别（识别两段语音是否表示同一个单词）中。动态时间规整算法的实现原理如图 5.12 所示。

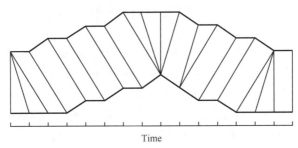

Time

图 5.12　动态时间规整算法的实现原理

在图 5.12 中，上下两条黑色实线代表两个不同的时间序列，时间序列之间的多条连线表示两个时间序列之间的相似点。动态时间规整技术利用所有这些相似点之间的距离之和，来作为衡量两个时间序列之间的相似性的度量值。

矢量量化（Vector Quantization，VQ）是 20 世纪 70 年代发展起来的一种数据压缩技术基本思想：将多个标量数据组构成一个矢量，然后在矢量空间给以整体量化，从而压缩数据而不损失多少信息。与隐马尔可夫模型相比，矢量量化技术更适于小词汇量、孤立词的语音识别场景。

在如今的大数据时代里，对于处理大量未经标注的原始语音数据的传统机器学习算法，很多都已不再适用。与此同时，深度学习模型凭借其对海量数据的强大建模能力，能够直接对未标注数据进行处理，成为当前语音识别领域的一个研究热点，并在一定程度上获得了成功，解决了很多前面算法所解决不了的问题。

语言交流是人与人之间最直接有效的交流沟通方式，语音识别技术就是让人与机器之间也能达到简单高效的信息传递。目前，语音识别技术已经深入我们生活的方方面面。例如，我们手机上使用的语音输入法、语音助手、语音检索等应用；在智能家居场景中也有大量通过语音识别实现控制功能的智能电视、空调、照明系统等；智能可穿戴设备、智能车载设备也越来越多地出现一些语音交互功能，这里面的核心技术就是语音识别；而一些传统的行业应用也正在被语音识别技术颠覆，如医院里使用语音进行电子病历录入，在法庭的庭审现场通过语音识别分担书记员的工作，另外，影视字幕制作、呼叫中心录音质检、听录速记等行业都可以用语音识别技术来实现。语音识别系统的基本结构图如图 5.13 所示。

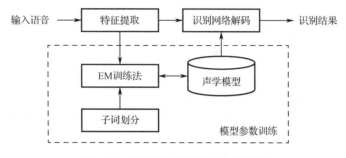

图 5.13　语音识别系统的基本结构图

随着人工智能的迅猛发展，智能家居已然成为行业热点。家庭中常用的家电包括电视机、冰箱、空调、电扇、窗帘、灯具等都逐步在向智能化操作发展，使用智能遥控器，通过语音控制，就可以串联起家中的所有电器，大大方便了我们的日常生活。

除了上述应用，语音识别技术在方方面面的应用不胜枚举。随着高度集成化的语音识别专用芯片的不断成熟，越来越多的应用场景将会呈现在我们面前。

（3）自然语言处理。

自然语言处理是一门综合性学科，研究的是如何让人与机器之间用自然语言进行有效沟通。其核心是研发有效地实现自然语言通信的人工智能算法，因此，其是计算机科学的一部分。

自然语言的发展大致可以分为以下四个阶段。

① 萌芽期：1956 年以前，可以看作自然语言处理的基础研究阶段。

② 快速发展期：1957—1970 年，自然语言处理在这一时期很快融入人工智能的研究领域中。

③ 低速发展期：1971—1993 年，随着研究的深入，研究者发现自然语言处理的应用难点短时间无法解决，在应用层面不断出现问题。

④ 复苏融合期：1994 年至今，随着深度学习技术的发展，其对大量未知样本的学习能力从根本上解决了过去困扰人们的许多问题，极大地促进了对自然语言处理的研究。

自然语言常用的处理技术主要有以下几种。

① 词汇边界分析：在日常会话中，词汇是连续说出的。界定词汇边界一般采用的方法是，选用在阅读上最为通顺且无语法错误的词汇组合。不管是西文还是中文，在书写上都存在大量的连续词汇。

② 语义消歧：多义词在中文和西文中很常见，必须根据上下文选出使整体意思最为通顺的解释。

③ 句法的多义性：自然语言的语法规则往往是模糊的。如不同的人对同一个语句可能有不同的理解，而在实际计算机分析中，必须依据前后文的信息，才能综合理解其在对应情景中的真实含义。

④ 问题输入：地方语言的特点会导致一个含义有不同的表达方式，甚至字面意思差别很大的词，在不同的方言中可能是同一个意思。另外，拼写错误、语法错误、光学识别错误等，也会导致系统的自然语言输入出现问题。

⑤ 特殊情境的上下文："言外之意"是我们常说的成语。实际上，在一个普通的语言之外，

可能蕴含着更深的寓意。例如，"你觉得呢？"，看似是疑问句，从语法上讲应该给出答案，但实际上这是一个反问句，里面包含着"本来就这样，你还不同意嘛"的意思。

5.1.8　量子技术

1. 量子特性

量子（Quantum）属于一个微观的物理概念。如果一个物理量存在最小的不可分割的基本单位，那么就称这个物理量是可量子化的，并把物理量的基本单位称为量子。在现代物理学中，将微观世界中所有不可分割的微观粒子（光子、电子、原子等）或其状态等物理量统称为量子。

作为微观粒子，量子具有许多特别的基本特性。

（1）量子测不准。

量子测不准也称不确定性原理，即观察者不可能同时知道一个粒子的位置和它的速度，粒子的位置总是以一定的概率存在于某个地方，而对未知状态系统的每次测量都必将改变系统原来的状态。也就是说，测量后的粒子相比于测量之前，必然会产生变化。

（2）量子不可克隆。

量子不可克隆原理，即一个未知的量子态不能被完全克隆。在量子力学中，不存在这样一个物理过程：实现对一个未知量子态的精确复制，使得每个复制态与初始量子态都完全相同。

（3）量子不可区分。

量子不可区分原理，即不可能同时精确测量两个非正交量子态。事实上，由于非正交量子态具有不可区分性，无论采用任何测量方法，测量的结果都会有错误。

（4）量子态叠加性（Superposition）。

量子状态可以叠加，因此量子信息也是可以叠加的。这是在量子计算中实现并行计算的重要基础，即可以同时输入和操作个量子比特的叠加态。

（5）量子态纠缠性（Entanglement）。

两个及以上的量子在特定的（温度、磁场）环境下可以处于比较稳定的量子纠缠状态，基于这种纠缠，某个粒子的作用将会瞬时地影响另一个粒子，爱因斯坦称其为"幽灵般的超距作用"。

（6）量子态相干性（Interference）。

在量子力学中，微观粒子间的相互叠加作用能产生类似经典力学中光的干涉现象。

巧妙地利用量子态的叠加性质和量子纠缠现象可以在通信、信息处理、能源、生物学等领域中突破传统技术的极限。现在，量子技术已经成为一个新兴的、快速发展中的技术领域，这其中，量子通信、量子计算、量子成像、量子测度学和量子生物学是目前取得进展较大的几个方向。

2. 量子技术

量子技术是基于量子力学原理并结合工程学中的控制论、计算机科学、电子学方法等来实现对量子系统有效控制的。开展量子技术的研究，一方面有助于人们在更深层次上认识量子物理学的基础科学问题，极大地拓宽量子力学的研究方向，另一方面能有力推动实验室技术向产业化的应用。在过去的二十年中，量子技术取得了巨大的进步，已从量子物理研究的实验阶段逐步走向跨学科的产业化应用阶段。

目前，量子技术主要应用于量子通信和量子计算两个领域。

（1）量子通信。

利用量子态实现信息的编码、传输、处理和解码，特别是利用量子态（单光子态和纠缠态）

实现量子密钥的分配。

量子通信与传统通信技术相比，具有以下主要特点和优势。

① 时效性高：量子通信的线路时延几乎为零，量子信道的信息效率比经典量子信道的信息效率高几十倍，传输速率高。

② 抗干扰性能强：量子通信中的信息传输不通过传统信道（如传统移动通信为了使通信不被干扰，需要约定好频率，而量子通信不需要考虑这些因素），与通信双方之间的传播媒介无关，不受空间环境的影响，具有很好的抗干扰性。

③ 保密性能好：根据量子不可克隆定理，量子信息一经检测就会产生不可还原的改变，如果量子信息在传输中途被窃取，那么接收者一定能发现。

④ 隐蔽性能好：量子通信没有电磁辐射，第三方无法进行无线监听或探测。

⑤ 应用广泛：量子通信与传播媒介无关，传输不会被任何障碍阻隔，量子隐形传态通信还能穿越大气层。因此，量子通信应用广泛，既可在太空中通信，又可在海底通信，还可在光纤等介质中通信。

（2）量子计算。

利用多比特系统量子态的叠加性质，设计合理的量子并行算法，并通过合适的物理体系加以实现（通用量子计算）。

量子计算被认为是第四次工业革命的引擎，目前，科学界普遍认为，第四次工业革命将会在核聚变、量子技术、5G、人工智能、基因工程中诞生。

目前，经典计算机的发展已经出现瓶颈，随着晶体管体积不断缩小，计算机可容纳的元器件数量越来越多，产生的热量也随之增多。另外，随着元器件体积变小，电子会穿过元器件，发生量子隧穿效应，会导致经典计算机的比特开始变得不稳定。

科学家认为量子计算机可以走出目前的困境，量子计算机是一类遵循量子力学规律进行高速数学和逻辑运算、存储及处理量子信息的物理装置。当某个装置处理和计算的是量子信息，运行的是量子算法时，它就是量子计算机。

传统计算机每比特非 0 即 1，而在量子计算机中，量子比特因为量子具有叠加的特性，可以处于既是 0 又是 1 的量子叠加态，这使得量子计算机具备传统计算机无法想象的超级算力。

2021 年 11 月，中国科学技术大学潘建伟院士领导的量子计算机研发团队完成的"祖冲之二号"和"九章二号"两项科研成果，同时发表在国际学术期刊《物理评论快报》上。"祖冲之二号"构建了 66 比特可编程超导量子计算原型机，实现了对"量子随机线路取样"任务的快速求解；"九章二号"再次刷新了国际上光量子操纵的技术水平，处理特定问题的速度比经典超级计算机快亿亿亿倍，进一步提供了量子计算加速的实验证据。著名量子物理学家、加拿大卡尔加里大学教授 Barry Sanders 撰写长篇评述文章，称该工作是"令人激动的实验杰作""令人印象深刻的最前沿的进步"。我国是目前世界上唯一在超导量子和光量子两种物理体系达到"量子计算优越性"里程碑的国家。

5.1.9　区块链技术

1. 什么是区块链

区块链是一种按照时间顺序将数据区块以顺序相连的方式组合成的链式数据结构，并以密码学方式保证的不可篡改和不可伪造的分布式账本。在数据记录的过程中，数据会被打包在一起，形成一个个数据块，打包好的数据被称为区块，将每个区块按照时间顺序连在一起，就形成链式的网络，整个网络都是由区块和链构成的，所以创始人就给它起名为 Blockchain，翻译成中文就叫区块链。

区块链的实质是人人都可以参与记账的大账本，每个人还有一个小账本，可以将大账本中的全部数据备份出来，当一笔交易数据产生后，会有人对这笔数据进行处理，然后同步到每个人的小账本中交给大家进行确认。当其中大多数人认为这个数据是真实可信的时候，这笔数据才会记录到区块链网络的账本中，所有人再去同步更新数据，这个机制的好处是解决了信任的问题。但放在区块链世界中，只要有人想要修改数据，就会跟其他小账本所记录的数据产生冲突，很快就会被人发现，从而解决了数据的安全问题和信任问题。

2. 区块链的特征

区块链的主要特征有去中心化、开放性（公开透明）、自治性、信息不可篡改、匿名性。

（1）去中心化。

由于区块链使用分布式核算和存储，不存在中心化的硬件或管理机构，任意节点的权利和义务都是均等的，系统中的数据块由整个系统中具有维护功能的节点来共同维护。去中心化保证了每个节点是平等的，也确保了数据的保密性和不可丢失。

（2）开放性。

所谓开放性是指区块链系统是开放的，除了对交易各方的私有信息进行加密，区块链数据对所有人公开，任何人都能通过公开的接口对区块链数据进行查询，并能开发相关应用，整个系统的信息高度透明。

（3）自治性。

区块链的自治性特征建立在规范和协议的基础上。区块链采用基于协商一致的规范和协议（如公开透明的算法），使系统中的所有节点都能在信任的环境中自由安全地交换数据，让对人的信任改成对机器的信任，任何人为的干预都无法发挥作用。

（4）信息不可篡改。

所谓信息不可篡改，即一旦信息经过验证并添加到区块链，就会被永久地存储起来，除非同时控制系统中超过 51% 的节点，否则在单个节点上对数据库的修改是无效的。正因为此，区块链数据的稳定性和可靠性都非常高，区块链技术从根本上改变了中心化的信用创建方式，通过数学原理而非中心化信用机构来低成本地建立信用，出生证、房产证、婚姻证等都可以在区块链上进行公证，拥有全球性的中心节点，变成全球都信任的东西。

（5）匿名性。

所谓匿名性是指节点之间的交换遵循固定算法，其数据交互是无须信任的，交易对手不用通过公开身份的方式让对方对自己产生信任，有利于信用的累计。

3. 区块链的核心技术

区块链要达成上面所讲的特征，必须有相应的技术提供保证。区块链的核心技术主要有分布式账本、共识机制、智能合约和密码学。

（1）分布式账本。

分布式账本指的是交易记账由分布在不同地方的多个节点共同完成，而且每个节点记录的是完整的账目，因此，它们都可以参与监督交易合法性，同时也可以共同为其作证。

与传统的分布式存储有所不同，区块链的分布式存储的独特性主要体现在两个方面，一方面，区块链中每个节点都按照块链式结构存储完整的数据，传统分布式存储一般是将数据按照一定的规则分成多份进行存储；另一方面，区块链中每个节点的存储都是独立的、地位等同的，依靠共识机制保证存储的一致性，而传统分布式存储一般是通过中心节点往其他备份节点同步数据。没有任何一个节点可以单独记录账本数据，从而避免了单一记账人被控制或者被贿赂而记假账的可能性。也由于记账节点足够多，理论上来说，除非所有节点都被破坏，否则账目就不会丢失，从而保证了账本的安全性。

（2）共识机制。

共识机制就是所有记账节点之间怎么达成共识，去认定一个记录的有效性，这既是认定的手段，也是防止篡改的手段。

区块链的共识机制具有"少数服从多数"以及"人人平等"的特点，其中"少数服从多数"并不完全指节点个数，也可以是计算能力、股权数或者其他计算机可以比较的特征量。"人人平等"指当节点满足条件时，所有节点都有权优先提出共识结果、直接被其他节点认同并最后有可能成为最终共识结果。以比特币为例，采用的是工作量证明，只有在控制了全网超过51%的记账节点的情况下，才有可能伪造出一条不存在的记录，当加入区块链的节点足够多的时候，这基本上不可能实现，从而杜绝了造假的可能。

（3）智能合约。

智能合约是基于这些可信的不可篡改的数据，以及提前定义好的规则，人人遵守，让机器自动执行一些预先定义好的规则和条款。

（4）密码学。

存储在区块链上的交易信息是公开的，但是账户身份信息是高度加密的，只有在数据拥有者授权的情况下才能访问账户身份信息，从而保证了数据的安全并保护了个人隐私。

这样，通过分布式账本确保人人可以参与记录数据，实现去中心化；共识机制采用"数据记账权"的方式，确保数据一致性；智能合约制定规则，人人遵守，机器自动执行；密码学实现数据加解密并在网络中实现身份认证，从而实现区块链的完整特性。

4. 区块链的类型

区块链分为公有区块链、联盟区块链和私有区块链三种类型。

（1）公有区块链（Public Block Chains）。

公有区块链是指世界上任何个体或者团体都可以发送交易，且交易能够获得该区块链的有效确认，任何人都可以参与其共识过程。公有区块链是最早出现的区块链，也是应用最广泛的区块链，各大Bitcoins系列的虚拟数字货币均基于公有区块链，世界上有且仅有一条该币种对应的区块链。

（2）联盟区块链（Consortium Block Chains）。

联盟区块链也称联合区块链、行业区块链，是指由某个群体内部指定多个预选的节点为记账人，每个块的生成由所有预选节点共同决定（预选节点参与共识过程），其他接入节点可以参与交易，但不过问记账过程（本质上还是托管记账，只是变成分布式记账，预选节点的多少及如何决定每个块的记账者成为该区块链的主要风险点），其他任何人都可以通过该区块链开放的API进行限定查询。

（3）私有区块链（Private Block Chains）。

私有区块链是指仅仅使用区块链的总账技术进行记账，可以是一个公司，也可以是个人，独享该区块链的写入权限，该区块链与其他分布式存储方案没有太大区别。

5. 区块链的应用场景

区块链作为一种底层协议或技术方案可以有效地解决信任问题，实现价值的自由传递，在数字货币、金融资产的交易结算、数字政务、存证防伪数据服务等领域有广阔前景。

（1）数字货币。

在经历了实物、贵金属、纸钞等形态之后，数字货币已经成为数字经济时代的发展方向。与实体货币相比，数字货币具有易携带和存储、低流通成本、使用便利、易于防伪和管理、打破地域限制、能更好地整合等特点。

比特币技术上实现了无须第三方中转或仲裁，交易双方可以直接相互转账的电子现金系统。2019 年 6 月，互联网巨头 Facebook 也发布了其加密货币天秤币（Libra）白皮书。无论是比特币还是 Libra，其依托的底层技术都是区块链技术。

我国早在 2014 年就开始进行中国人民银行数字货币的研制。我国的数字货币 DC/EP 采取双层运营体系：中国人民银行不直接向社会公众发放数字货币，而是由中国人民银行把数字货币兑付给各个商业银行或其他合法运营机构，再由这些机构兑换给社会公众供其使用。2019 年 8 月初，中国人民银行召开下半年工作电视会议，会议要求加快推进我国法定数字货币的研发步伐。

（2）金融资产交易结算。

区块链技术天然具有金融属性，它正对金融业产生颠覆式变革。在支付结算方面，在区块链分布式账本体系下，市场多个参与者共同维护并实时同步一份"总账"，短短几分钟内就可以完成现在两三天才能完成的支付、清算、结算任务，降低了跨行跨境交易的复杂性和成本。同时，区块链的底层加密技术保证参与者无法篡改账本，确保交易记录透明安全，监管部门可以方便地追踪链上交易，快速定位高风险资金流向。在证券发行交易方面，传统股票发行流程长、成本高、环节复杂，区块链技术能够弱化承销机构作用，帮助各方建立快速准确的信息交互共享通道，发行人通过智能合约自行办理发行，监管部门可以统一审查核对，投资者可以绕过中介机构进行直接操作。在数字票据和供应链金融方面，区块链技术可以有效解决中小企业融资难问题。目前的供应链金融很难惠及产业链上游的中小企业，因为这些中小企业与核心企业往往没有直接贸易往来，金融机构难以评估其信用资质。基于区块链技术，我们可以建立一种联盟链网络，涵盖核心企业、上下游供应商、金融机构等，核心企业发放应收账款凭证给其供应商，票据数字化上链后可在供应商之间流转，每级供应商可凭数字票据证明实现对应额度的融资。

（3）数字政务。

区块链可以让数据"跑"起来，大大精简办事流程。区块链的分布式技术可以让政府部门集中到一个链上，所有办事流程交给智能合约，办事人员只要在一个部门通过身份认证及电子签章，智能合约就可以自动处理并流转，顺序完成后续所有审批和签章。区块链发票是国内区块链技术最早落地的应用。税务部门推出区块链电子发票"税链"平台，税务部门、开票方、受票方通过独一无二的数字身份加入"税链"网络，真正实现"交易即开票""开票即报销"——秒级开票、分钟级报销入账，大幅降低了税收征管成本，有效解决了数据篡改、一票多报、偷税漏税等问题。扶贫是区块链技术的另一个落地应用。利用区块链技术的公开透明、可溯源、不可篡改等特性，实现了扶贫资金的透明使用、精准投放和高效管理。

（4）存证防伪。

区块链可以通过哈希时间戳证明某个文件或者数字内容在特定时间的存在，加之其公开、不可篡改、可溯源等特性为司法鉴证、身份证明、产权保护、防伪溯源等提供了完美解决方案。

在知识产权领域，通过区块链技术的数字签名和链上存证可以对文字、图片、音频和视频等进行确权，通过智能合约创建执行交易，让创作者重掌定价权，实时保全数据形成证据链，同时覆盖确权、交易和维权三大场景。目前，区块链防伪溯源已被广泛应用于食品医药、农产品、酒类、奢侈品等领域。

（5）数据服务。

区块链技术将大大优化现有的大数据应用，在数据流通和共享上发挥巨大作用。未来，互联网、人工智能、物联网都将产生海量数据，现有中心化数据存储（计算模式）将面临巨大挑战，基于区块链技术的边缘存储（计算）有望成为解决方案。区块链对数据的不可篡改和可追溯机制保证了数据的真实性和高质量，这成为大数据、深度学习、人工智能等应用的基础。区块链可以在保护数据隐私的前提下实现多方协作的数据计算，有望解决"数据垄断"和"数据孤岛"问题，实现数据流通价值。

针对当前区块链所处的发展阶段，为了满足一般商业用户对区块链开发和应用的需求，众多传统云服务商开始部署自己的 BaaS（区块链即服务）解决方案。区块链与云计算的结合将有效降低企业区块链部署成本，推动区块链应用场景落地。未来，区块链技术会在慈善公益、保险、能源、物流、物联网等领域发挥重要作用。

➡ 任务实施

结合课本知识开展网络调研，加强对新一代信息技术的理解和掌握，并结合生活实际，深刻理解新一代信息技术产业的发展趋势——智能、融合、跨界。

➡ 拓展训练——学习并了解数字孪生技术

任务 2 新一代信息技术在生活中的应用

➡ 任务描述

新一代信息技术有智能、融合、跨界的发展趋势，云计算技术成为其他技术发展的基础和土壤，大数据技术在"云"的基础上展现出蓬勃生机，并对物联网技术、人工智能技术的发展推波助澜，物联网和人工智能技术在各方面都呈现出你中有我、我中有你的融合态势。

➡ 任务分析

新一代信息技术就在我们身边，深刻改变着人们的生活、工作、学习习惯，挖掘身边的新一代信息技术，形成一个应用案例。

➡ 知识准备

5.2.1 防疫数据统计

大数据在新冠肺炎疫情防控中起到有目共睹的技术支撑作用，具体表现如下。

（1）大数据为政府正确决策、精准施策提供了科学依据。

这次疫情考验了整个社会的应急处理能力。政府通过大数据来进行政务决策，使疫情防控部门及时找准工作重点区域、重点人群，提前进行疫情预研、预判、预警，使出现疫情的区域、病毒感染者规模得到较早确认，得出初步评估、界定，以便做出正确决策。

各职能部门运用大数据技术实时分析采集到的与疫情相关的各类数据，对分散性公共数据进行分布式研判处理，汇聚到政府疫情防控部门后，它们立即采取精准的切实有效的措施，提高了各职能部门精准施策的能力和处置突发事件的水准。

大数据帮助建立了管理数据众享机制，存储的信息数据公开透明，疫情情况和应对措施通过互联网实时更新，得到了社会公众的信任和理解，缓解了公众因病毒感染者数字上升而引起的不安情绪，有效释放了自愿居家者的压抑情绪，构建了以人为本、惠及全民的疾病防控保障体系，开启了多方协作、共克时艰的社会抗疫新模式、新格局。

（2）强化了政府对疫情物资生产、筹集、投放的科学管控手段。

大数据技术使相关的医疗企业和职能部门、社区单位、各市场主体联动，及时调配医护人员、防疫物资装备，建设方舱医院，为最大限度控制疫情蔓延提供了人员物资保障，对疫情防控起到关键作用。在布署资源供需匹配，调运调配适时合理上，大数据技术帮助相关疫情防控部门做到物适其需、物尽其用。

在防疫中，相关疫情防控部门将大数据与互联网结合建立了全国一盘棋的物资生产、调度平台，根据防疫需要及时组织生产和保障供应，满足医疗机构和社会公众对防疫工作、生活的需要，解决了不少燃眉之急。

（3）为医疗救治、群防群控、防止疫情蔓延采取有效措施提供了科学数据和手段。

通过将大数据和互联网结合，实现了相关疫情防控部门对病毒感染者、疑似者的准确追踪。各省市和地区之间的相关信息及资料可相互有效利用、整合，在统计分析的基础上，使相关疫情防控部门完成了长距离、大范围的筛选和线上追踪、收治登记，从而用分布式处理特点，划定区域防控重点，实行网格化防疫与管理。

早发现、早隔离要通过数据挖掘才能实现，使其成为防控的有效手段。而相关疫情防控部门要把敏感的病毒感染者或疑似者第一时间锁定隔离，并对无症状的密切接触者进行控制，大数据技术起到很大作用。

（4）科学分析预测疫情现状、趋势，适时准确地根据疫情变化把握防疫重点。

相关疫情防控部门运用大数据技术建立的数值模型，可以对疫情发展趋势进行基本预测，了解疫情现在处于何种阶段。通过对数据深研可以有效分析疫情数据背后隐藏的规律，进而把握疫情发展趋势，为相关决策的制定与实施提供科学的参考依据。

根据以往和现在情况，大数据可以帮助相关疫情防控部门预测新冠肺炎流行的时间和后果；通过定位数据和流动数据比值分析，依据新冠肺炎疫苗研发、使用规律，制定防治新冠肺炎的规划。

根据防治新冠肺炎疫情形势，相关疫情防控部门统筹区域内各类型企业按不同要求和时间复工复产，完善复工返岗人员的健康信息监测，动态掌握企业生产和员工的防疫情况。

5.2.2　智慧城市

智慧城市概念自 2008 年（以 IBM 公司首次提出"智慧地球"的时间为参考）提出以来，

全国各地加速布局实践，历经多轮迭代演进，现在处于集成融合发展的时期。

2020 年以来，智慧城市相关技术集成、制度集成、数据融合、场景融合较为活跃，初步呈现四大发展态势：在政策方面，国家系统性、整体性布局，各地分级、分类推进；在技术方面，数字孪生与深度学习技术加速重构智慧城市技术体系；在应用方面，应用整合带动数据与业务需求、业务场景的深度融合；在实践方面，各级政府加强省市县统筹协同发展，并逐步向基层治理延伸。

从未来发展来看，智慧城市在技术集成、数据利用、应用形态、可持续运营、安全保障等方面将呈现十大发展趋势。

（1）决策智能：城市大脑从感知智能向认知智能、决策智能迈进；

（2）知识重构：跨模态数据融合、全行业知识图谱决定城市智慧；

（3）数据融合：政府与社会数据融合助力形成城市治理强大合力；

（4）孪生驱动：数字孪生推动城市要素时空化、集约化治理服务；

（5）敏态发展：疫情推动应用系统快速响应建设韧性城市；

（6）入口融通：城市 App 与移动互联网入口相互依存发展；

（7）以城促产：推动产业现代化、高级化成为智慧城市重要使命；

（8）生态共生：开放生态为智慧城市高质量发展提供土壤；

（9）数据安全：区块链、隐私计算等数据安全技术是运行保障；

（10）长效运营：可持续发展需要技术、数据、人才、资金运营保障。

国内，阿里、腾讯、百度、360 等公司积极探索智慧城市建设，已取得一些建设经验。以百度公司为例，经过多年技术积累和沉淀，初步形成智慧城市建设"三大法宝"，一是以百度搜索、百度地图等为支撑的数据要素配置能力；二是由自主芯片、深度学习算法、全行业知识图谱等组成的国际领先的全栈 AI 能力；三是基于飞桨开放平台、AI 人才培训服务、数据标注中心等构建的产业发展赋能体系。

百度公司依托"三大法宝"，发挥海量异构数据汇聚处理、人工智能领域技术积累、产业培育发展和赋能等优势，打造"1+1+4"智慧城市全景图。

一个底座筑基：以自主可控的新一代智能政务云为底座。

一个大脑赋智：搭建"全时空要素立体感知、全流程数据安全共享、全方位 AI 能力共用、全业务系统应用支撑、全场景智能协同指挥"的一体化"城市大脑"，推动城市各领域应用智能化水平提升。

四类场景牵引：依托"城市大脑"，形成"洞察有深度、治理有精度、兴业有高度、惠民有温度"的"四度"典型应用场景。百度智慧城市全面赋能城市治理能力现代化，有力支撑数字经济高质量发展，大幅提升公共服务智能化水平，有效保障智慧城市可持续运营，驱动城市智能化水平从运算智能、感知智能向认知智能、决策智能演进。

5.2.3 智慧医疗

智慧医疗（Wise Information Technology of MED，WITMED），是指通过打造健康档案区域医疗信息平台，利用最先进的物联网技术，实现患者与医务人员、医疗机构、医疗设备之间的互动，逐步达到信息化。

智慧医疗一般由三部分组成，分别为智慧医院系统、区域卫生系统、家庭健康系统。

（1）智慧医院系统（由数字医院和提升应用两部分组成）。

数字医院包括医院信息系统（Hospital Information System，HIS）、实验室信息管理系统（Laboratory Information Management System，LIS）、医学影像信息的存储系统（Picture Archiving and Communication Systems，PACS）和传输系统以及医生工作站，可实现病人诊疗信息和行政管理信息的收集、存储、处理、提取及数据交换。

医生工作站的核心工作是采集、存储、传输、处理和利用病人健康状况和医疗信息。医生工作站是门诊和住院诊疗的接诊、检查、诊断、治疗、处方，以及医疗医嘱、病程记录、会诊、转科、手术、出院、病案生成等全部医疗过程的工作平台。

提升应用包括远程图像传输、大量数据计算处理等技术在数字医院建设过程的应用，实现医疗服务水平的提升。如远程探视、远程会诊、自动报警、临床决策系统、智慧处方等。

（2）区域卫生系统（由区域卫生平台和公共卫生系统两部分组成）。

区域卫生平台包括收集、处理、传输社区、医院、医疗科研机构、卫生监管部门记录的所有信息的区域卫生信息平台；其旨在运用尖端的科学和计算机技术，帮助医疗单位以及其他有关组织开展疾病危险度的评价，制定以个人为基础的危险因素干预计划，减少医疗费用支出，以及制定预防和控制疾病的发生和发展的电子健康档案（Electronic Health Record，EHR）。如社区医疗服务系统、科研机构管理系统等。

公共卫生系统由卫生监督管理系统和疫情发布控制系统组成。

（3）家庭健康系统。

家庭健康系统是最贴近市民的健康保障，包括针对行动不便无法送往医院进行救治病患的视讯医疗，对慢性病以及老幼病患远程的照护，对智障、残疾、传染病等特殊人群的健康监测，还包括自动提示用药时间、服用禁忌、剩余药量等的智能服药系统。

拓展训练——检索并了解新一代信息技术在工农业中的应用

新一代信息技术在推动传统产业实现数字化中，深刻改变着社会形态和产业形态，大数据、人工智能、物联网、云计算等技术在工农业生产中发挥着重要作用。检索和调研下一代信息技术在工农业生产中的作用，形成应用案例文字文档一份，讲解演示文稿一份。

项目拓展练习

一、单项选择题

1. 云计算中基础设施即服务是指（　　）。

　　A．PaaS　　　　　　B．IaaS　　　　　　C．SaaS　　　　　　D．SECaaS

2. 云计算是对（　　）技术的发展与运用。

　　A．并行计算　　　B．网格计算　　　C．分布式计算　　　D．三个选项都是

3. Internet of Things 指的是哪种新一代信息技术？（　　）

　　A．云计算　　　　B．大数据　　　　C．人工智能　　　　D．物联网

4. 区块链的去中心化特征是由哪项技术来保障的？（　　）

　　A．分布式账本　　B．共识机制　　　C．智能合约　　　　D．密码学

二、多项选择题

1. 云计算按照服务类型大致可分为哪几类？（　　　）

    A．IaaS   B．PaaS   C．SaaS   D．效用计算

2. 为满足 5G 多样化的应用场景需求，5G 的关键性能指标更加多元化，主要有（　　　）。

    A．高速率   B．低时延   C．大连接   D．高功耗

3. 国际标准化组织 3GPP 为 5G 定义的三大业务场景是（　　　）。

    A．eMBB   B．mMTC   C．URLLC   D．URRR

4. 大数据具备哪几项特征？（　　　）

    A．数量（Volume）   B．种类（Variety）

    C．速度（Velocity）   D．价值（Value）

5. 在下列大数据特征描述中，正确的是（　　　）。

    A．数据体量巨大   B．数据类型多

    C．数据增长速度快   D．数据价值密度大

6. 量子具有哪些特性？（　　　）

    A．量子态叠加性   B．量子态纠缠性

    C．量子态相干性   D．不确定性

7. 区块链的主要特征包括（　　　）。

    A．去中心化   B．开放性（公开透明）

    C．自治性   D．不可篡改

    E．匿名性

三、简答题

1. 简述云计算的五个基本特征、三个服务模型和四个部署模型。

2. 什么是区块链？除了做数字货币，区块链还有哪些应用？

3. 为什么说云计算、大数据、人工智能、物联网等新一代信息技术有智能、融合、跨界的发展趋势？举例说明。